中小学语文教材同步科普分级阅读

—— 六年级（上册） ——

茫茫宇宙觅知音

甘本祓◎著

长江出版传媒　湖北科学技术出版社

图书在版编目（CIP）数据

茫茫宇宙觅知音 / 甘本祓著. -- 武汉 ：湖北科学
技术出版社，2021.6
（中小学语文教材同步科普分级阅读）
ISBN 978-7-5706-1410-3

Ⅰ．①茫… Ⅱ．①甘… Ⅲ．①航空工程－青少年读物
②航天工程－青少年读物 Ⅳ．①V-49

中国版本图书馆 CIP 数据核字(2021)第 062429 号

茫茫宇宙觅知音
MANGMANG YUZHOU MI ZHIYIN

责任编辑：胡思思   封面设计：胡　博
出版发行：湖北科学技术出版社   电话：027-87679468
地　　址：武汉市雄楚大街 268 号   邮编：430070
　　　　　（湖北出版文化城 B 座 13-14 层）
网　　址：http://www.hbstp.com.cn
印　　刷：湖北新华印务有限公司   邮编：430035
700×1000　　1/16　　　　　12 印张　　　　　　196 千字
2021 年 6 月第 1 版　　　　　　　　　　2021 年 6 月第 1 次印刷
定价：35.00 元

前 言

问渠那得清如许？为有源头活水来

　　叶永烈、高士其、贾兰坡、潘家铮……这些熟悉的名字一映入眼帘，便立即把我拉回到 20 世纪 80 年代。儿时的我曾痴迷于他们的科幻作品，他们娓娓道来的新鲜的知识和离奇的故事，让我单调的世界里有了一个美好的未来世界。那时，我常常想：未来的世界真的是这样发达和美妙吗？如今，世界发生了天翻地覆的变化，很多当初的预言成为当今的现实：视频对话、器官移植、机器人等。让人不得不感叹：这世界，只有想不到，没有做不到。

　　想，往往是行动的先导。正是有了想法，促使人们不断去改造这个社会，推动人类文明的发展。美国的莱特兄弟想：如果人也能飞上天那就好了。这个梦想支撑着他们不断探索研究，研制出飞机。如今，飞机已经成为重要的交通工具，方便了人们的出行。爱因斯坦说过："我没有特殊的天赋，我只是极度地好奇。"对科学现象的好奇，对未知知识的好奇，对知识应用于实践的好奇……是科学家成功的奥秘，也是社会发展进步的源泉。而作为孩子，天性就是爱想，就是具有强烈的好奇心。这种珍贵的品性，如果能加以正确地引导和挖掘，一定会对社会大有裨益。所以，我推荐大家读一读这套《中小学语文教材同步科普分级阅读》。

这套书选编自《中国科普大奖图书典藏书系》,此书系被叶永烈先生誉为"科普出版的文化长城"。按照对应年级语文教材的内容和对科普知识及阅读能力的要求,丛书编选委员会结合一线语文老师的经验,为读者做了合理的选择和安排。丛书的作者都是各科研领域卓有成就的科学家。他们有各自领域或多领域的扎实深厚的专业知识,让你在阅读中潜移默化地了解一些科学知识。

例如:读高士其的《细菌世界历险记》,随着"菌儿"的讲述,描述了细菌的衣食住行、生活习性,以及其对人类的益处和坏处;贾兰坡的《爷爷的爷爷哪里来》则向大家讲述一个个生动有趣的研究人类历史的故事,使我们不知不觉中收获有关人类的起源的各种知识;《穿过地平线》中文采洋溢的李四光,将牵着你的手看看我们熟悉而陌生的地球,了解它的过去、现在和未来,以及地球上发生与存在的各种事物给我们带来的有用信息等;潘家铮院士的《偷脑的贼》,其科幻内容生命力持久,构思缜密、情节跌宕、悬念丛生,让人欲罢不能;数学童话大师李毓佩著的《数学大世界》,融合了大量有趣的关于数学的东西方传奇故事和游戏,让我们在脑力激荡中认识数学的发展脉络。

这套书中,还有《茫茫宇宙觅知音》《每月之星》《魔盒》《草木私语》《科学大师的失误》……阅读之后,你可以把这些有趣的科学知识讲给爸爸妈妈或是同学听听,你获得的愉悦远比跟他们讲讲所打的电子游戏强多了。有的书还图文并茂,可以说是个小型的某学科类的少儿百科全书。当然,你大可不必担心读不懂,这套书里的故事,无论是讲科学家自己的人生经历、科学研究过程,还是数学、生物、自然科学方面的小知识,都如高士其爷爷所说的:"用浅显有趣的文字,将一门神秘奥妙的科学化装起来,不,裸体起来。使它变成不是专家的奇货,而是大众读者的点心兼补品了。"何况,还有一些充满了科幻悬疑色彩的探案小说,丝毫不亚于你们看的一些侦探破案的动画片,在层层破解案情的过程中,会让你感受到更多动脑筋的乐趣和收获科学知识的满足感。

我推荐这套书的理由,也是站在一个语文老师的立场来看的。这套书的内容,除了准确的科学知识,也不乏丰富的文学和历史知识。古代文人轶事的探讨,古诗文原句的引用,以唐宋历史为背景的悬疑故事等,让我们在历史与现实、真实与虚构中穿梭,读这些书,定会有酣畅淋漓之感。再加上,这些科学家们语言功底也颇为深厚,不乏文采,也极具幽默之能事。不能不让人感叹:这些科学家的知识面真广,语言表达能力很棒,值得我们学习。

更重要的是,这套书的内容所传达的价值观是积极向上的。我看到的是这些科学家满怀爱国情怀的故事,是对名誉、地位、金钱和利益的正确认识和取舍,是对科学的客观态度,以及对法制公正的坚守、对未来科技发展的美好愿景。读这套书,会让成长中的你们认清真善美,辨别假丑恶,知道自己该坚持的是什么。你们健康茁壮成长,祖国的未来便可期。

希望你们在阅读这套书时,能静下心来,边读边想,让自己仿佛与科学家们在倾心交谈,向他们学习新的知识,探讨科学的奥秘,破解有技术含量的难题。那一定是有趣的,会让你沉迷其中,乐此不疲。谁的一生没有几本书对他产生过巨大影响?多年之后,你回味来路,一定会有一本或几本书影响了你的人生。那么,我希望这套书能对你们的人生产生积极的有意义的影响。待你们成才之时,便可以说:"问渠那得清如许?为有源头活水来。"是这套科普丛书伴我成长的。

吴洪涛　华中师范大学第一附属中学语文特级教师

序

甘本祓回来了

陈芳烈

30 年时间过去了。一本蓝灰色封面、纸张已经发黄了的书,至今仍珍藏在我的书柜之中。那便是甘本祓先生所著的《茫茫宇宙觅知音》。每次看到那本书,都会勾起我对那个年代科普创作的许多回忆,其中也包括与本祓先生因笔墨而结成的友谊。

20 世纪 80 年代,是我国科普创作的黄金时期。我与甘本祓先生可谓是同一"战壕"里的战友。因为我们都热心于科普写作,而且写的也多是电子和通信方面的内容。本祓先生创作热情高昂,是同时辗转于报刊、图书、广播等多种媒体的高产作者之一。他写的不少科普作品,如《生活在电波之中》《茫茫宇宙觅知音》以及《谁是电波报春人》等,脍炙人口,堪称那个年代的精品佳作。

"求新"是甘本祓作品的一个重要特色。他善于抓住科技发展的脉络,以通俗诱人的笔法,对发生在我们身边的许多重大科学事件进行解读,使人们在获取知识的同时,引发出对科学的浓厚兴趣。《茫茫宇宙觅知音》便是很好的范例。

从古到今,浩瀚无边的宇宙,始终牵动着地球人的万千思绪,引发了人们无数美好的想象。在茫茫宇宙中寻觅"知音",也变成了人类挥之不去的"情结"(有人称它是"外星情结")。在《茫茫宇宙觅知音》中,甘本祓便紧紧抓住了人们对宇宙生命的好奇以及解开宇宙太空之谜的强烈愿望,把人类远征太空、寻觅"知音"的壮举，如一幅幅壮丽的画卷展现在读者面前。这里既有知识的铺陈，也有想象力的驰骋，亦真亦幻皆成文章，使人读后不由思绪起伏，多了一份亲近科学、探求未知世界的渴望。

在甘本祓的科普作品里，不仅有对人类创造科学奇迹的讴歌，也不乏对其负面影响的人文关怀和哲理性思考。它告诉人们，环境的恶化将会造成全球气候变暖的灾难性后果；提醒人们在享受电波带来声色盛宴的同时，要警惕它对人类健康可能造成的威胁。这些今天看来已是十分急迫的警示，却出现在30年前甘本祓的科普作品里，不能不说，这是很难得的意识超前。

甘本祓是率先垂范科学与人文交融的作者之一。他的科普作品常以生动形象的比喻、诗一般的语言来诠释现代科学技术，使人读来兴味盎然，倍感亲切。如在《谁是电波报春人》一文中，他是这样开头的："春，给人以幻想的启示；春，给人以美的陶醉；春，唤起人们对新事物的热爱和向往……"他在营造了一个"春"的意境之后，便将笔锋一转直入主题："当你在这科学的春天里学习和工作的时候；当你从收音机的喇叭声中、电视机的荧光屏上感受到春的气息的时候；当你伴随着电唱机、录音机放出春的旋律翩翩起舞的时候，你可曾想到过与这一切相联系的电波的传播？你可曾思考过那千百个为电子科学而献出青春的科学家们所给予你的启示？你可曾问过：谁是电波报春人？"甘本祓的文章便是这样让科学的传播变得生动、有趣，让读者在不知不觉间随他进入"桃花深处"的。这不仅是甘本祓作品的一种风格，更是一种境界。今日，当我们还在为科普读物"叫好不叫座"而忧虑时，重读甘本祓的科普作品会给我们以诸多启示。或许，从它那里我们会找到变艰涩为浅近、化枯燥为生动的可供借鉴的途径。我想，30年后重印《茫茫宇宙觅知音》，恐怕这也是着眼点之一吧。

甘本祓先生作品之深刻，来源于他深厚的专业功底。20年的教学实践以及日后那段科研经历，都为他的科普创作奠定了坚实的基础，使他在电子科普领域里能驾轻就熟、游刃有余。甘本祓先生作品之生动，得益于他深厚的文化积累以及他对科普作品通俗化的深刻理解。他的科普作品的魅力不只在于取材、构思之新颖，还在于他能巧妙地把科学性、新闻性、故事性融为一体，使科学知识的传播如春风细雨一般，悄然浸润每个读者的心扉。

"甘本祓回来了！"封笔20多年的他，挥毫再续科普前缘，是科普界之幸事。

"甘本祓回来了！"除了岁月在他的两鬓留下了些许霜痕之外，似乎一切都没有变：浓重的乡音、风风火火的办事风格，还有那不减当年的创作激情。《生活在电波之中》和《茫茫宇宙觅知音》的相继再版，唤起人们对20世纪80年代活跃在科坛的、年轻的甘本祓的记忆，使我们有机会再一次领略他独特的创作风采。而当他再一次带着积淀丰厚的新作和奔放的创作热情回到我们中间的时候，我想，他一定还会再续与电波的前缘，再写《茫茫宇宙觅知音》的续篇，再谱写现代电信这一"青春的事业"……

我翘首以待。

2014年春节于杭州

（本文作者系著名科普作家、编辑家，人民邮电出版社原总编辑、中国科普作家协会原副理事长）

目 录

第一篇　茫茫宇宙觅知音

第二篇　滚滚红尘报警讯

第三篇　漫漫征途创奇迹

他用真挚的人文情怀，让读者心扉开放；再以科学的理性光芒，把人们心田照亮。仿佛听见，《茫茫宇宙觅知音》唱着他当年的理想：与读者一道，欣赏科学，体验探索，激情原创。

——王直华（著名科普作家、《科技日报》原副总编辑、
中国科普作家协会原副理事长）

这是一部关于电波、人类和宇宙的精彩之作。作者集微波专家、资深科普作家和诗人于一身，其作品内容严谨、形式生动、充满激情。

——松鹰（国家一级作家、全国成绩突出的科普作家、
世界华人科普作家协会理事长）

茫茫宇宙觅知音

MANGMANG YUZHOU MI ZHIYIN

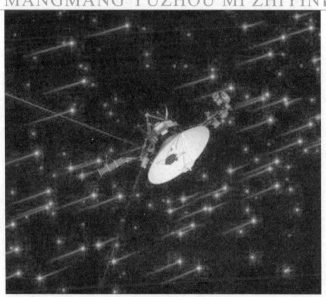

"旅行者1号"飞船已进入星际空间 正在长征途中的"旅行者1号"飞船,于1977年,人类派往宇宙寻觅知音的使者。科学家认为:它已于2012年8月25日飞出了太阳系,进入星际空间,成为第一个进入星际空间的人造物体。它(2014年1月)离故土(地球)已有190多亿千米。

热情幻想　痴心解谜

多少年来,人们仰望蓝天,思绪万千。那洁白晶莹的月球,那繁星万点的银河,那无边无涯的宇宙,强烈地吸引着充满探索精神的人们。他们不相信:在这茫茫的宇宙中,人类竟是这样的孤单。决心要找一找那些神秘星球上的主人,会一会居住在太空里的知音。于是,人们热情地幻想着、研究着、探索着……

幻想与现实

多少则美妙的传说,多少篇迷人的神话,描绘着天外的仙山琼阁,叙说着牛郎织女的恋情。诗人们也纵情幻想,写下了动人的诗篇:

老兔寒蟾泣天色,云楼半开壁斜白。

玉轮轧露湿团光,鸾佩相逢桂香陌。

黄尘清水三山下,更变千年如走马。

遥望齐州九点烟,一泓海水杯中泻。

这是唐代诗人李贺的《梦天》。诗人在这里幻想他飞上了月宫,见到了神话中的玉兔和蟾蜍(癞蛤蟆),看到了半开的月宫白光斜射;还看见了玉轮般的月亮碾过露水,连光也沾湿了;而且在那桂花飘香的月中小径上,竟碰上了系戴鸾佩的仙女。这仙女是不是传说中的嫦娥，他没有说。但他想象中月球上是有"人"的，这"人"是住在远离地球的天上，不是凡人，自然是仙人了。后四句是说在天上人的眼中，人世间千年沧桑犹如跑马一样就过去了，遥望中国的九州，小得像九个烟点，而汪洋大海则如杯中之水。

千百年过去了，比起这丰富的诗情画意来，人们对于月球、对于宇宙有了更丰富的认识。但是，这首诗所代表的、古今中外的、一个共同的认识却没有改变，即在茫茫的宇宙之中，是有着与人类相似的高级生命的。不过古人多出于神话或迷信，称之为"仙人"；而现代则根据科学的推论和幻想，称之为"宇宙人"（或"外星人"）罢了。

不少科学家都认为，在我们所处的银河系中，像太阳系这样的恒星家族，就大约有两千亿个。难道就没有与地球相似、适合生命生存的行星？再进一步，偌大的银河系，却也不过是宇宙海洋中的一个小岛。在那些更为神秘的河外星系里，难道就没有高度文明的天地？一句话：人们相信"宇宙人"是一定有的！

美国著名的天文学家弗兰克·德瑞克说："我们确信，地球上形成生命的最重要的化学过程是化学定律的一般性结果。我们可以预料，在宇宙中很多地方都有这种化学过程发生。"德国科学家维恩赫尔·冯·布劳恩也说："我认为，在无穷无尽的太空中，不仅存在动物、植物，而且还存在智慧动物，是绝对可能的。是的，我甚至确信这一点。"

甚至有人作了这样的估计，在银河系中，大约有一百万颗行星上，住着有高度文明的"宇宙人"。

这是信口开河么？不是。

在晴朗的夜里，我们看到的万点繁星，几乎全是恒星。在眼睛看来，它们都是一个个光点，但是从望远镜看去，一半以上是由几个恒星组成的多体星座，天文学上叫作"聚星"或"聚星系统"。另外较少的一类是单体星座，天文学上叫"单星"。在这些数以亿计的恒星中，有一些恒星是像我们的太阳一样有行星围着它转的。但是，聚星的行星，由于受多个恒星的作用,轨道多半不稳定。反之,单星的行星,则不论它们的位置远近,轨道都是稳定的。只有在这种行星上,温度才不致变化太大,才适于生物生存。太阳就是这种有行星的单星。而我们居住的地球,正是这种轨道稳定、温度适宜于生物生存的行星。有一种理论认为,天文学上称为"F、G、K型单星"的恒星,就可能有适合生物生存的行星。而银河系中大约5%的恒星是"F、G、K型单星"。换句话说,在那里也许我们能找到智慧生物。在天文学上用光年来表示星体之间的距离,"一光年"就是光走一年的距离。而光在真空中每秒钟走30万千米。因此,一光年就差不多是9.46×10^{12}千米的距离。而距我们最近的几个"F、G、K型单星"在哪里呢? 一个是波江座ε星,它距离地球10.8光年;另一个是印第安座ε星,它距离地球11.4光年;再一个是鲸鱼座γ星,它距离地球11.8光年。

看来,"宇宙人"是这样的遥远和渺茫。可是,有时候又使人觉得他们近在咫尺。不是吗? 现实生活中有着一个又一个令人费解的谜。

电波之谜

詹斯基(Karl G. Jansky)和他的接收天线 他用它发现了来自半人马座的宇宙射电辐射,揭开了射电天文学的序幕,因此而永载史册。上图为天线;右图是他正在解释他的发现。

1931 年,美国贝尔电话实验室的青年工程师卡尔·詹斯基在研究来自外界的无线电干扰时,发现了一个奇怪的干扰信号。这个信号几乎每天都在同一个时间出现。干扰源像一颗星星一样,当地球上的接收机随地球自转时,它的强度就以 23 小时 56 分为周期重复着。当银河在中天时,干扰最强。可见,这干扰信号不是来自地球,而是来自太空,来自银河系。后来查明,它是来自半人马座的无线电辐射。

1937 年美国的无线电工作者格罗特·雷伯制成了第一台射电天文望远镜,并用它发现了第一批宇宙射电源。于是,一门新的边沿科学正式诞生,它的名字叫:无线电天文学(或射电天文学)。

射电天文望远镜,其实就是一种特殊的无线电接收机。它接收来自太空的无线电噪声。这些来自宇宙的电波产生的原因,有些可以解释,有些尚待研究,而还有一些却令人生疑:是不是"宇宙人"发来的电报? 也许是约我们派人前去联欢? 也许是要到地球上来旅行观光?

为了进一步探索这个问题,人们一方面努力发展射电天文望远镜,另一方面却耐心地组织截收"宇宙人"可能发出的电信号。

1959 年美国制定了一个科研计划——"奥兹玛"计划。就是在

雷伯(Grote Reber)和他于 1937 年制成的第一台射电天文望远镜　他用它发现了第一批宇宙射电源,正式宣告了射电天文学的诞生。上图是他正在操作的情景;下图为天线。

西弗吉尼亚的格林班克射电天文台,进行世界上第一次认真地尝试:截收"宇宙人"发出的无线电信号。人们盼望着,能从这些枯燥的宇宙射电噪声之中,分辨出令人兴奋的电报:

"远方的知音,你们并不孤独,请加入我们的银河俱乐部吧!"

当然,这电报也许并不这样直观,它或许是一串数学公式、某些元素(例如铀)的原子量,或许是其他任何可以让我们足以判断出是智慧生物加工过的电信号。人们最初选择的星系就是前面提到过的、人们估计可能有高级生物的两个星系:波江座ε星和鲸鱼座γ星。科学家们在"奥兹玛"一期计划和1972—1975年的"奥兹玛"二期计划中,对地球附近的650多颗星进行了截收。结果却是一无所获。

但是,人们并未灰心,探索仍在继续。远在美国东南面的波多黎各,有一个阿雷西博天文台,那里的射电天文望远镜,能收到距离地球几百光年到三万光年之遥的、智慧生物可能发来的信号。此外,类似的工作也在苏联、加拿大和日本等国开展着。

可是,那些远在天边的"宇宙人"什么时候对着我们这"小小的"太阳系发射信号呢? 他们用的是什么频率呢? 他们发射多长时间呢? 他们的信号是什么形式的呢? 又是哪一个方向的"宇宙人"在向我们发报呢? 截收他们的信号,这真是大海捞针啊! 会有效果吗?

有人说:有!

1977年9月,国际无线电通信咨询委员会在日内瓦开会,就有人提出:检测到一些来自宇宙的异常信号。1978年6月,在日本东京再次开会时,日、美代表又正式提出了《关于接收宇宙高等动物发来的电波》的报告书。

可是,这些异常信号到底是不是"宇宙人"发来的呢? 还是个谜!

既然想象中的"宇宙人",已经聪明得可以向遥远的地球发电报联系,那么他们的文明至少和我们相当,甚至要先进得多。我们的宇宙飞船早已向太空出发了。那么,比我们还聪明的"宇宙人",为什么不驾驶着飞船到我们这个美丽而可爱的地球上来访问一下呢?

有人说:他们来了

1978 年 10 月 23 日晚,月白风清,繁星满天。澳大利亚飞行员瓦伦迪奇就在这晴朗的夜空中飞行。突然,他惊慌地向基地报告:"一个绿光闪闪的庞然大物向我袭来!"不一会儿,无线电中传来了爆炸声,从此人、机杳无音信。这被认为是一桩所谓典型的"飞碟"事件。

人们将地球上空出现的不明飞行物称为"UFO"(这是英文 Unidentified Flying Object "不明飞行物"的字头缩写,有人音译为"幽浮");而将其中疑为"宇宙人"乘坐的飞船的UFO称为"飞碟",因大多数传说中,它呈碟状,故得此名。

有关"飞碟"的报道,最初出现在 1947 年夏。6 月 24 日,美国人阿诺德乘飞机在华盛顿州雷尼尔山上空飞行时,发现 9 个碟子形的怪物,在前方约 40 千米处,闪闪发光,由北向南飞来。从此飞碟的传说此起彼伏。一则则回忆,一幅幅照片,一个个生动离奇的描述。直到这几年居然有人说看

阿诺德看到 9 个闪光的飞碟 阿诺德是一个消防设备经销商,1947 年 6 月 24 日下午 3 点,他在美国华盛顿州雷尼尔山上空飞行时,发现有 9 个闪闪发光的碟形怪物,在前方约 40 千米处由北向南飞。由于他广为宣传、详细描述了当时情景,并发表文章和给军方写信求证,从而使此事成为早期一个有关飞碟的经典案例,流传于世。

到了"宇宙人"！

阿诺德看见的飞碟形状示意图　　　　阿诺德（Kenneth Arnold）

　　国际飞碟观察组织主任曼塞尔说："我现在每天接到40封报告发现飞碟的信。有一件事特别使我感兴趣：一个大型飞碟，从里面走出34个脸色苍白的生物，讲着一种喉音语言，并在他们的火炬照耀下在地上搜寻着什么。"

　　多么奇妙！可是，谁又能使那一幕奇景再现呢？谁又拿得出一个俘获的飞碟或它的一部分来展览呢？因此，有人将信将疑；有人坚决反对，说这是无稽之谈。为此，美国空军成立了由37位专家组成的"飞碟调查委员会"，从1947年起到1969年，对12618件UFO事件做了调查分析，最后总结出一篇有800多页的研究报告：《不明飞行物的科学研究》，并发表了一份"蓝皮书"。结论是："飞碟不是宇宙人开来的外星船。"

　　然而，人们并不都相信他们的解释。相反世界上更多的人关心着飞碟的来历。报道越来越多，研究的个人和团体也越来越多。法国有"不明飞行物研究会"，分析过15000多个报告。日本成立了"空中飞碟研究会"。苏联成立了"地球大气圈外智力活动联络委员会"。美国的飞碟研究组织最多，例如"空中现象研究组织"、"美国飞碟联合俱乐部"、"全国空中现象调查委员会"、"飞碟与未阐明的天空事件研究学会"和"不明飞行物情报检索中心"等等。真是名目繁多！这些组织还出版定期或不定期刊物，召开会议。1979年,美国、加拿大、英国、法国、比利时、联邦德国、丹麦、挪威、芬兰和瑞典还成立了联合研究机构,并确定了用计算机来观测的计划。

FACT SHEET

USAF Fact Sheet 95-03

Unidentified Flying Objects and Air Force Project Blue Book

From 1947 to 1969, the Air Force investigated Unidentified Flying Objects under Project Blue Book. The project, headquartered at Wright-Patterson Air Force Base, Ohio, was terminated Dec. 17, 1969. Of a total of 12,618 sightings reported to Project Blue Book, 701 remained "unidentified."

The decision to discontinue UFO investigations was based on an evaluation of a report prepared by the University of Colorado entitled, "Scientific Study of Unidentified Flying Objects;" Are view of the University of Colorado's report by the National Academy of Sciences; previous UFO studies and Air Force experience investigating UFO reports during the 1940s, '50s and '60s.

As a result of these investigations, studies and experience gained from investigating UFO reports since 1948, the conclusions of Project Blue Book were: (1) no UFO reported, investigated and evaluated by the Air Force was ever an indication of threat to our national security; (2) there was no evidence submitted to or discovered by the Air Force that sightings categorized as "unidentified" represented technological developments or principles beyond the range of modem scientific knowledge; and (3) there was no evidence indicating that sightings categorized as "unidentified" were extraterrestrial vehicles.

With the termination of Project Blue Book, the Air Force regulation establishing and controlling the program for investigating and analyzing UFOs was rescinded. Documentation regarding the former Blue Book investigation was permanently transferred to the Modern Military Branch, National Archives and Records Service, Eighth Street and Pennsylvania Avenue, N.W., Washington, D.C. 20408, and is available for public review and analysis.

Since the termination of Project Blue Book, nothing has occurred that would support a resumption of UFO investigations by the Air Force. Given the current environment of steadily decreasing defense budgets, it is unlikely the Air Force would become involved in such a costly project in the foreseeable future.

There are a number of universities and professional scientific organizations that have considered UFO phenomena during periodic meetings and seminars. A list of private organizations interested in aerial phenomena may be found in Gale's Encyclopedia of Associations. Interest in and timely review of UFO reports by private groups ensures that sound evidence is not overlooked by the scientific community. Persons wishing to report UFO sightings should be advised to contact local law enforcement agencies.

Point of Contact

News media requiring Project Blue Book files should contact the National Archives Public Affairs Office, (202)-501:.5525. Public queries should be addressed to the Project Blue Book archivist at (202) 501-5385. For queries not related to Project Blue Book, contact the National Archives receptionist at (202) 501-5400.

美国空军飞碟调查结论　这是美国空军针对飞碟(UFO)调查发表的"蓝皮书",提供了对1947—1969年的12618件飞碟事件的调查分析结论。

　　人们的研究热情，来源于这样的信心：地球绝不是宇宙中唯一的得天独厚的星体，在那茫茫的宇宙中，一定会有类似人的或更高级的生物。他们为什么不能派飞船访问地球呢？目前，人们不能回答这个提问。何况还有更多的谜，使人迷惑不解。

令人迷惑的史迹

　　被称为宇宙航行之父的德国赫尔曼·奥伯特教授曾经说过："我认为别的星球上的高级智慧生物，在以前曾经访问过我们的地球是可能的。"苏联学者赛依采夫教授也说："是的，我确信，别的星球上的生物曾经到过地球，因为他们在我们的地球上留下了许许多多痕迹，我们还不能解释它们。"

　　世界上最大的建筑是什么？人们不约而同地回答：金字塔。它是谁建造的？人们又不约而同地回答：古代的奴隶。可是，如今却有人提出疑问。

　　就以举世闻名的埃及最大的一座金字塔为例吧。据传它是国王胡夫的陵墓，它落成时高达 147 米，现在它已经低了 10 米。方形的底边，每边长 230 多米，底面积有 53000 多平方米，由 230 万块石头砌成，每块石头平均重 2.5 吨。史书上说，这些石头是从尼罗河对岸的山中运来的。埃及国王驱使大批奴隶、农民分批服役，每批 10 万人，时间 3 个月，花了 30 年才修建成这个陵墓。但是，当时既没有吊车，也没有卡车，用什么来运送巨石呢？人们分析是用滚木，然而据说当时那里并没有那么多可供这种运输的木料。即使有，要把这许多石块搬出山、运过河，再垒到 100 多米的塔上，也是很难想象的。在美洲，在文明的古国墨西哥，也有许多巨大的金字塔，其中一个的体积甚至比上面说的胡夫金字塔还大 50 多万立方米。更令人惊讶的是，在这高高的塔上，还建造了巨大的神庙。它们是谁建造的呢？人们说是古玛雅人。可是，多心的人，仍然怀疑这些古代人的能力。人们说，就算他们（古埃及人、古玛雅人）能搬动这几吨重的石头。那么，还有些更重的石头又是怎样搬运的呢？

埃及的胡夫金字塔 埃及最大的金字塔，位于开罗西南的吉萨高地。

墨西哥的玛雅金字塔 玛雅金字塔与埃及金字塔的最大差别是其顶有庙。

在埃及有许多巨大的石像和石碑，都是由整块石头雕成，重达1千多吨。现在世界上都还没有一辆吊车能把它们吊起，更不用说运走了。在修建阿斯旺水坝时，人们曾经搬过类似的石碑，是把它锯开，再用几辆吊车同时吊起，仅搬动180米，竟用了3年的时间！那么，古人如何行事呢？何况，还有更大的呢！

在黎巴嫩的巴勒贝克有一些古希腊人和古罗马人建造的神庙，它们都坐落在人造台基上。而这台基是世界上曾经加工和运输过的最大的石头，有的竟有 20 米长，4.5 米高，4 米宽，重约 2000 吨。据考察，这石基比它上面的神庙历史要长得多。它又是如何运来的呢？

有人说，这不是地球上的人，而是"神"，即来自外星的"宇宙人"。这些"宇宙人"是什么样的呢？

"太阳城"的朱庇特神庙遗址　"巴勒贝克"(Baalbeck)为阿拉伯语，意为"太阳城"，位于黎巴嫩首都贝鲁特东北约 85 千米的贝卡谷地。"朱庇特"(Jupiter)是罗马神话中的神王。

巴勒贝克的巨石　这块被称为"孕妇"的巨石，长 21.5 米，高 4.8 米，宽4.2 米，估计其重超过千吨。

南太平洋上有一个小岛,属于智利。但是,离智利海岸有3000多千米,叫"复活节岛"。可是当地的人仍叫它"马塔基特拉尼",即眼朝天看之意。为什么要朝天看呢? 因为要看"鸟人"。据传古代有"鸟人"降临过,该岛居民奉其为神。如今岛上尚有石碑上刻着"鸟人"图腾,每年还举行"鸟人节"。这个岛上有上千尊巨大的石人雕像,其重量从几吨至几百吨,是从几十千米外的采石场加工后搬来的。据分析,当时岛上不可能有搬石头的奴隶,而且也没有搬运的痕迹。于是,人们解释说:这是"宇宙人"为自己塑的像,是他们自己搬来的。用当地的传说来说,就是:过去那里有两个具有神力的牧师,是他们搬运了这些石头、雕刻了这样的石像。后来有一天他们不见了,于是留下了这些石像和采石场上那些未完工的石头。

类似的"宇宙人"的形象还出现在世界许多地方。在意大利发现的史前壁画上,也画着戴着头盔的"神",头盔甚至还有类似天线的痕迹。

在撒哈拉沙漠的塔希里山中发现的壁画上,同样画有戴头盔的人。画上还有类似星际空间站的圆盘,从中爬出的人就穿着戴头盔的密封服,就像今天在太空漫步的宇航员一样。墨西哥的古玛雅人遗址也有戴着头盔的石像,而那里画上的"神"是在"核桃"形的框子里,头戴头盔,其上还画着小天线模样的东西,而且还正在掌舵。有的甚至脚还踏着踏板,"核桃"形

复活节岛上的巨石雕像　岛上的石像多为半身像。有的成排,有的零散,有的光头,有的戴着几吨重的帽子。

框子的末端还喷出一束束火焰。玛雅人说:"这是飞神,他来自别的星球,

后来又回去了。"

你看，像不像戴头盔的宇航员？ 在意大利伦巴第平原上的梵尔卡莫尼卡谷地 (Val Camonica, Italy)，有许多史前岩雕。其中这一幅，酷似宇航员的形象，据考证，这是公元前7000 年的岩雕。

　　在亚洲、美洲、欧洲、非洲，到处都有令人迷惑的史迹，都有似是而非的

"宇宙人"踪影。可是，人们仍禁不住地要问：为什么能从外星飞临地球的"宇宙人"，光干这些笨重的石匠活呢？他们没有留下别的痕迹吗？

　　又有人出来说，也有。

　　人们在土耳其的名城伊斯坦布尔发现了 18 世纪时土耳其将领从东方带回的神秘的地图。最古老的是公元 1世纪时的产品，而它还可能是更古老地图的复制品。上面画着欧洲和非洲的一部分以及中美洲和南美洲。它同今天从宇宙飞船上看到的变了形的地球一模一样。还有，那上面画的南极洲，

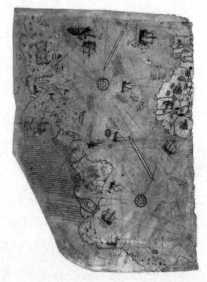

这就是那张疑为外星人绘制的神秘地图 它是由土耳其舰队司令彼利·雷斯由东方带回。是绘在羊皮上的。

我们是 19 世纪起才知道的，而且至今仍然研究得很不够。可是这地图却早得多。人们认为这只能是从宇宙空间观察到，而后才绘制的。

照这样说来，"宇宙人"是真的来过地球了。有人说：是的。这些人中有代表性的就是苏联物理学家卡桑采夫，他说："对于别的星球上的高级智慧生物曾否到过地球的问题，我的答复是肯定的。"而且，还有人补充说，这些人拥有特殊的电磁力工具，他们就是靠这个本领来搬运成百吨、成千吨的重物的。现在，甚至还有人说他们搬动了舰船和飞机呢。

魔术式的海域

在大西洋中，有一片神秘的海域。从美国佛罗里达半岛的南端，到百慕大群岛和波多黎各岛之间，形成一个三角形区域。人们称它为"魔鬼三角区"，或"死三角"。因为，从 16 世纪以来海难迭有发生。仅 20 世纪中，就有 100 多条船、30 多架飞机、1000 多名船员、乘客和驾驶员消失在这谜一般的区域中。

魔鬼三角区地理位置

1925 年 4 月 8 日,日本远洋货轮"来福丸号"进入了这一海域。突然基地收到该船发来的一封电报:"危在眉睫,迅速救援,已无法逃脱。"从此,它就失踪了。

1971 年 10 月,一架美国"星座号"飞机,在此海域的上空追逐飞碟。突然一声巨响,亮光耀眼,飞机四崩五裂,机毁人亡。

一封封莫明其妙的电报,一桩桩恐怖神秘的案件,使人们充满了疑虑、猜测和幻想。不少人提出了包括次声波、反旋风、自然激光和磁异常等各种特殊地球物理现象在内的推测,但是确切的证据在哪里?另外还有许多人认为:这是"宇宙人"干的。这一派中最有代表性的人物是美国天文学家杰塞普博士。他认为是"宇宙人"在这个三角海域,极大地强化了磁场后,把人、机或船作为"猎获物",移到另一世界去了。这些"宇宙人"乘飞碟而来,"魔鬼三角区"是他们的基地。

为了验证杰塞普的理论,美国海军于 1943 年在他的指导下进行了一次代号为"费城试验"的工作。他们在一艘驱逐舰上,装了两台磁力发生器,给军舰施以强磁场。据说试验中舰上人员的身体受到强磁场相当大的影响。试验后,有的人经过特殊治疗恢复了健康,有的人发疯了,还有的人死了。但是,那"魔鬼三角区"之谜并没有揭开。也许杰塞普博士还打算继续验证这个问题。然而,令人遗憾的是,他却于 1959 年 4 月 29 日神秘地死去了。他是死在停在迈阿密达德公园里的自己的小汽车里。关于他的死也有种种猜测,我们这里就不去说它了。

总之,电波之谜、飞碟之谜、金字塔和石像之谜、壁画和魔鬼三角区之谜……在人们的脑海里翻腾着。

许多人想把它们串成一线,线头就是生活在茫茫无际的宇宙中的"宇宙人"。可是,"宇宙人"在哪里?他们是什么样子?强烈的探索欲望激励着千千万万的人们。他们坐不住了,他们决心行动起来,去寻找这远方的友人,结束这人类的寂寞。他们提出了这样的论点:"我们想象不出还有什么更值得干的事业,这项事业将会给人类带来极为美好的明天。"

奔月　这是 1969 年 7 月 16 日凌晨,阿波罗 11 号从美国佛罗里达州南端的肯尼迪航天中心的"39A"发射台升空时的情景。它满载着人类的热望,奔向月球,首次实现了人类登月的千年梦想,为此而永载史册。

登月探星　寻踪觅迹

幻想是思维的翅膀，科学才使人真正飞翔。在美丽富饶的地球上，人们始终没有正式接待过乘飞碟飘然而降的贵客，也抓不到在魔鬼三角区捣乱的凶手。坐等既然不行，那就飞出去吧！走，上月球去，到火星去，到银河系去，去看看那九天之外的"文明世界"，去看看"宇宙人"究竟是什么样的月貌花容……

原 来 如 此

"他们皮肤是红色的，秃顶圆额，前胸外突，下面是两条瘦骨伶仃的细腿。身上穿着装饰品一样的皮铠甲。只有眼睛和地球人大不相同，由许多棱面组成的眼珠向外突起"。这是美国作家加米尔顿笔下的"宇宙人"。

"他们头部高出躯体，身躯具有伸缩性，有伸出体外的肢体。也许有两条、四条或更多成偶数的腿"。这是天文学家奥德威笔下的"宇宙人"。

"他们像章鱼一样，从身上伸出八只触须一样的手臂""他们像海参、像乌贼""他们像我们，又不像我们"……

议论万千，众说纷纭，谁也说服不了谁。因为，百闻不如一见。到地球以外的星球上去找找吧，也许那里隐居着未来的知音。

哪里是上天的第一站呢？人们很自然地想到了美丽的月球。美国为此制订了一个庞大的计划——"阿波罗登月计划"。他们为此奋斗、忙碌了 11 年。从 1961—1969 年，美国宇航员为准备登月进行了 20 次试验飞行。

　　1969 年 7 月 16 日凌晨四点，准备了多日的三名宇航员阿姆斯特朗、奥尔德林和柯林斯从床上被叫醒，早饭后，他们被送到肯尼迪角的发射场，登上了有 36 层楼那样高的"阿波罗飞船"。

　　随着一声巨响，他们乘坐的"阿波罗 11 号"飞船开始了人类第一次奔月之行。7 月 19 日进入绕月飞行的轨道。次日，柯林斯留在绕月飞行的指令舱（名为"哥伦比亚"）中，阿姆斯特朗和奥尔德林进入登月舱（名为"鹰"）飞上了月球。他们带去了一个特制的不锈钢牌匾，放在月面着陆的地方。

　　该匾上面写着：

　　　　来自行星地球的人

　　　　在此首次踏上月球

　　　　公元 1969 年 7 月

　　　　我们为了全人类而内心宁静地来此

"阿波罗 11 号"的三位宇航员　从左起为阿姆斯特朗（Neil A. Armstrong, 指令长）、柯林斯（Michael Collins, 指令/服务舱驾驶）、奥尔德林（Edwin E. Aldrin, 登月舱驾驶）。

人类放在月球上的第一块牌匾　匾上有三个宇航员和时任美国总统尼克松的签名。签名的顺序上排从左到右是：阿姆斯特朗、奥尔德林、柯林斯，下排正中是尼克松。

　　他们在月球上生活了21小时36分钟。在那里放了一台"月震仪"，一个"激光反射器"。搜集了岩石和月面尘土的样品。

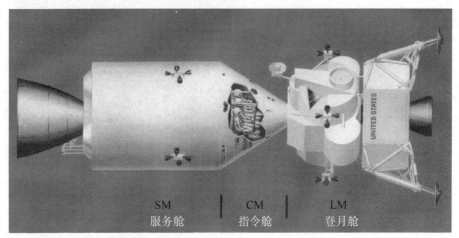

SM	CM	LM
服务舱	指令舱	登月舱

阿波罗宇宙飞船结构示意图 剖面显示三位宇航员在指令舱中的位置。

　　这两个人类第一次派往月球的使者，在那里既没有见到翩翩起舞的嫦娥，也没有见到捧酒相迎的吴刚。没有蟾蜍，没有玉兔，也没有桂花树。

在月球上 左为奥尔德林，右为登月舱，中为仪器和国旗。此照片是阿姆斯特朗拍摄的。

其实，这一切早在预料之中。长期的天文观测早已查明，月球上没有空气、没有水，当然也不会有人。但是，人们总还想亲自去发现一点非常原始的生命。现实否定了这个愿望，在"阿波罗11号"之后，"阿波罗12号、14号、15号、16号、17号"又多次把人送上了月球。到1972年12月19日"阿波罗17号"在太平洋溅落为止，整个阿波罗登月计划宣告结束。人类终于死心塌地地承认，月球只不过是一个"死星"，一个没有任何生命的宁静而寂寞的世界。在那里有着人类活动的广阔天地，但却没有人类所要寻觅的知音。

于是，人们寄希望于火星。

火星传奇

与月球不同，对火星的长期天文观测，曾使人欣喜若狂。科学家做过诱人的推测，小说家写过迷人的幻想。

在太阳系的九大行星（编辑注：2006年8月24日于布拉格举行的第26届国际天文联合会中通过的第5号决议中，冥王星被划为矮行星，从太阳系中被除名，故应为八大行星）中，火星是靠地球最近的在地球外侧的行星。它的直径比地球小一半，但是行动却没有地球精干。它懒洋洋地绕太阳转着，转一圈需比地球绕太阳转多一倍的时间。所以，它的一年是地球的两年长。它自转倒还积极，只比地球慢半个来小时，因而和地球有差不多的"作息时间"。它对太阳的倾角也与地球差不多，也就有一年四季的变化。只不过它的一季就要顶地球上的半年。

在这个"小地球"上，有没有"人"呢？

几百年来，人们议论纷纷。有人发现两极的极冠，冬大夏小，疑是冰雪聚融；星面上色彩一年一度的变化，好似植物的枯荣。1877年，意大利天文学家沙帕雷利观察到火星上散布着规则的线条，他认为那是一些天然的水道，于是取名为canadi（河渠）。这个词翻译成英文时被译成canal（运河）。

一字之差，天壤之别。20 世纪初，美国哈佛大学的天文学家洛厄尔宣称："这些运河是智慧生物开凿的，为的是把极冠的水引来灌溉荒漠里的庄稼"。

令人兴奋的遐想 极冠冬大夏小，疑是冰雪聚融；季节色彩变化，好似植物枯荣；暗色规则线条，酷似水流河道。如此"美景"，怎不让地球人充满遐想……

于是，火星人登场了。在科学幻想小说中，他长着四条胳膊，钢筋铁骨般的身躯，挥舞令人恐怖的刀剑，有着呼风唤雨的本领……

人们还观察到，火星有两个小小的卫星，它们的轨道也很低，与地球上发射的人造地球卫星有些相似，这难道也是"火星人"的功勋么？

地球的子孙们，多么想和火星上的"仙人"握手言欢，交流一下异地的文明啊！

侦察员的功勋

于是，美国派出了"水手号"飞船，苏联制出了"火星号"游艇，美制的"海盗号"飞船更饱览了火星的风云。

1965年，"水手4号"飞船在距火星约10000千米的地方飞过，发回了22张照片，这是人类第一次在比较近的距离看到火星的容颜。

4年以后，"水手6号"和"水手7号"在更近的距离（3000多千米）拍摄了200来张照片，并进行了复杂的科学测量。它们虽然带回来一些消息，但是这样走马观花，看得"太不过瘾"。人们决心绕着火星不停地看，甚至打算在火星着陆。

1971年5月30日，"水手9号"出发飞向火星。当时：从地面上的望远镜看到火星表面是清澈的。可是，当11月13日它进入围绕火星转的轨道、成为火星的第一个人造卫星时，火星却风云突变，刮起了黄烟滚滚的尘暴。似乎是"火星人"决心保守火星的秘密，不让人类窥视。所以，虽然"水手9号"的轨道最低点仅有1300千米，却什么也看不清。有好几个星期，传到美国喷气推进实验控制中心电视屏幕上的图像相当模糊。直到12月，情况才逐渐好转。而到了第二年的2月中旬，它发回来的资料已使科学家能够十分详细地把火星上85%的表面情况绘成地图了。

正当火星上尘暴刮得最凶时，苏联的"火星2号"于11月22日在火星上着陆，成了第一个登上这个神秘行星的人造物体。但是它并没有向地球发回任何消息。接着12月2日，"火星3号"再次在火星上降落。但是发射装置只工作了大约20分钟，就又音讯渺茫了。1973年7—8月间，苏联又连续向火星发射了四艘飞船。即"火星4号、5号、6号、7号"，其中"火星

4号""火星7号"没有按原定计划进入火星轨道。"火星5号"按原定计划进入了火星轨道,并给火星照了相。它的另一个任务是作为在火星上着陆的"火星6号"和地球之间的无线电中继站。但是"火星6号"降落后却与它失去了联系,从而也与地球隔绝音讯。看来苏联的火星探测总没有碰上"黄道吉日"。不过,这时人们已不认为是"火星人"在捣鬼了。但是,火星难道就这样可望而不可即么?勇于探索的人类决心一定要上去看看。

异星见闻

1975年另外两艘飞船出发了。8月20日,美国"海盗1号"起飞,飞行了整整11个月,行程6.8亿千米,在火星赤道北约1400千米处称为"黄金平原"的地方安全着陆。它是在四个"河渠"的交叉处。而它的兄弟"海盗2号"也于1975年9月9日接踵而来。走了差不多1年,次年9月3日,在离开1号着陆舱大致为绕行星半周的距离,在距离北极约1400千米的"乌托邦平原"着陆。

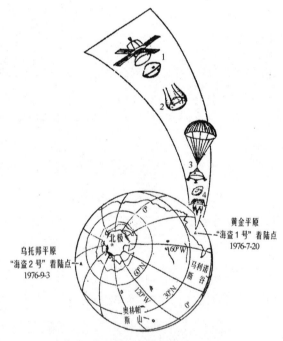

"海盗号"着陆过程和着陆点示意图

这两个远征火星的尖兵,个子不大,又只有1.5米宽,但是却满载精密仪器,用于研究火星表面特征、分析土壤、测量风速、确定大气的成分、探测火星的星震以及寻找生命的踪迹。着陆舱的母体飞船围绕火星运行,从上空拍摄火星的照片、测量大气的湿度、测量火星大气和表面的温度。并且把着陆舱得到的全部资料和照片用无线电发回地球。

"海盗"肖像　美国 1975 年发射的"海盗 1 号"和"海盗 2 号"是一对孪生兄弟,个子矮小、却全身珠光宝气。在释放着陆舱后,母体飞船还将围绕火星运行,进行测量和转发着陆舱收集的资料,向地球汇报。

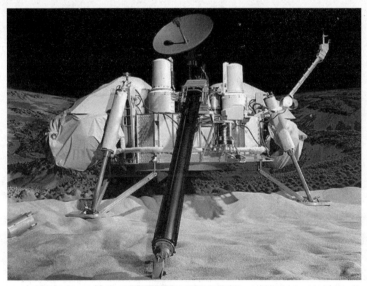

"海盗号"的着陆舱

　　这一系列的侦察飞行,使人们的幻想破灭了。它们在火星上不仅没有发现"火星人",甚至没有找到任何生命的踪迹。火星只不过是一个干燥、荒芜、寂寞、寒冷、毫无生气的旷野,满布着沙丘、岩石和火山口。传说中的"运河"只是些排列成行、间隔很近的火山口。引起幻想的"极冠",只不过是二氧化碳冷凝的干冰。它像撒哈拉大沙漠那样干燥,像南极洲那样寒冷。它日出的天色像地球上日落时的晚霞,而它的日落却使人联想到地球上白天的万里晴空。它的峡谷使地球上最大的峡谷看起来像一条小沟,而它的最高山峰却有珠穆朗玛峰的 3 倍。它的大气基本上是二氧化碳。它的一部分看起来像古老的月亮,而另一部分看起来却又像当年新生的地球。

火星容颜　这就是"海盗 2 号"看到的"残酷"现实,它遗憾地向地球人报告:火星,这个地球人幻想和热望了多年的"火星人"之家,只不过是一个干燥、荒芜、寂寞、寒冷、毫无生气的旷野。

　　下面是科学家们利用"海盗 1 号"到达火星表面第一天发回的资料写

出的第一份气象报告：

> 傍晚，从东方吹来微风，子夜后，转为西南风，最大风速每小时 25 千米。温度从拂晓后的 −122°F 变到 −22°F……气压稳定在 770 毫巴。

但是人们没有绝望。最近研究表明，在火星赤道以南有两个地区，水蒸气比火星任何其他地方要多 10～15 倍。美国天文学家休格宁指出，地球上的许多生物是可以在这样的条件下生存的。这两个地区可能是火星上仅有的有生命残留的地方。

这"生命"当然是低级的，绝不会是"火星人"。那么，宇宙中何处能遇知音呢？正是：

> 月中嫦娥是虚构，火星找人也枉然。
> 要想会见外星客，还得飞上多少年？

那么，这样的探索是否还有价值呢？人们明确而肯定地回答了这个问题。其中，美国麻省理工学院的一篇长篇学术报告颇有代表性。它的序言中有这样一段话："这个问题应得到人类学家、艺术家、律师、政治家、哲学家、理论家各方面人士的长期和认真的关心；甚至还需要一切有头脑的人们，不管他们是不是某方面的专家，大家共同来关心这个问题。我们每一个人都应考虑一下这种探索将带来的结果。我们相信这种探索是可行的，无论探索到、还是探索不到'宇宙人'，其结果都至为重要。我们敢不敢放手去干？对于我们这些写文章的人说来，问题已经一步一步地变为：'我们竟然还敢拖延这项工作吗？'"

派出使者　天外飞鸿

　　宇宙是无限的，人们对宇宙的探索也是无限的。登上了月球，窥视了火星，也探索了比地球更靠近太阳的热得要命的金星和水星。"知音"呵，却还是无踪无影。飞吧，继续地飞吧，飞向木星、土星，飞向天王星、海王星，飞向更遥远的冥王星，到太阳系外面去旅行……

开路先锋

　　"到太阳系外面去旅行。"这种话说起来轻巧，干起来却困难重重。别的先不说，就说这悠长的旅程吧。围着地球走一圈不过 4 万千米。这在人们日常的旅途数字中，已经是够大的了。神话中的孙悟空，神通那样广大，一个筋斗也不过翻十万八千里。可是，太阳系的范围就有上百亿千米长。就是以每秒十几千米的宇宙速度跑，也得跑上好多年。在这样亿里迢迢的征途上，会见到什么稀奇古怪的事物？会有什么样的惊险遭遇呢？于是人们派出了开路先锋。

　　1972 年 3 月 2 日，美国发射了第一艘长途跋涉的星际飞船——"先锋 10 号"。它是一艘用原子能电池作为动力的小飞船。它打算首先侦察离地球 6.3 亿千米的木星，仅这一段路程就得走一年零九个月的时间。1973 年 12 月 3 日，它经过距离木星 13 万千米的地方。人类第一次在比较"近"

处看到了太阳系里的老大姐。它比地球大 1300 多倍。"先锋 10 号"由于受到这个巨大行星的影响而加速前进,继续它飞向太空的亿里征途。1980年,它已飞越离开我们地球 27.2 亿千米的天王星。1983 年 6 月中旬,在考察木星差不多 10 年之后,它又飞经海王星。"

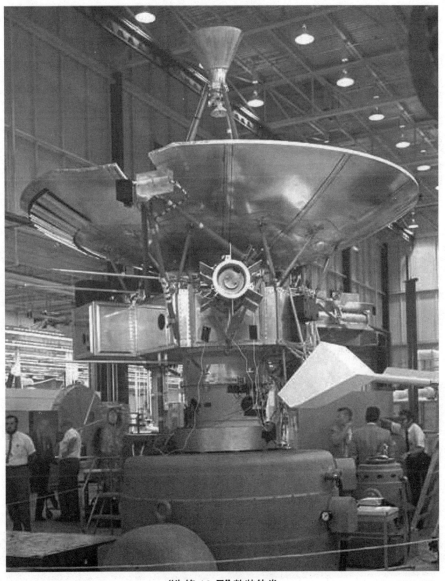

"先锋 10 号"整装待发

随后，"先锋10号"将凭惯性在星际飞行，驰向金牛座。若无意外，将在200万年后接近金牛座α星（又名"毕宿五"，距地球68光年）。科学家希望它能在这颗恒星的5颗行星中遇上知音。

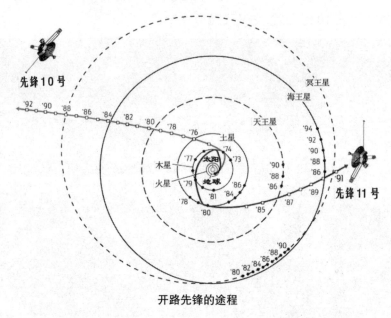

开路先锋的途程

另一个开路先锋——"先锋11号"，也于1973年4月5日出发。它也是个小家伙，只有259千克重。1974年12月4日，它从离木星更近的距离（34000千米）处飞过。与"先锋10号"不同，它在此来个急转弯、以每小时16万多千米的高速向土星飞去。又经过四年零九个月的奔波，1979年9月1日，在距土星可见云顶21000千米处飞过，行程32亿多千米。使它有幸成为第一艘飞经土星的飞船。然后，再来个急转弯，朝与"先锋10号"相反的方向飞离太阳系，驰向银河系中心的盾牌座，这是个更加遥远的旅途，因为其主星——盾牌座α星（又名"天弁一"）算是离地球"最近"的了，却也有174光年。

当我们为这两位开路先锋一路顺风而庆幸之际，我们还要着重谈谈，它们不仅使我们对木星大开眼界，对土星的知识至少猛增了1000倍，而且肩负着探索地球外生命的重要使命。

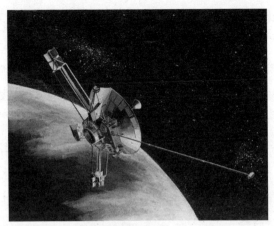

"先锋号"飞越木星

　　人们曾对土星的第六个卫星——土卫六，抱有与火星类似的幻想，因为人们认为它与地球有点类似。土星有点像恒星，它自己放出的能量比从太阳接收到的还多。而土卫六比它的九叔（水星）个子还大。这次"先锋11号"在飞近它时，测得了很有价值的数据，并拍了5张"极好"的照片。分析指出土卫六的大气层和地球早期孕育生命时相似，其主要成分是氮，其他还有氩、甲烷和氦等。因此，有些人认为土卫六上比火星更有可能找到地球外的生命线索，这生命当然不是"宇宙人"或动物，而是原始的生命的线索。到底有没有呢？开路先锋忙于赶路，顾不得回答这个问题了，这任务还是留给以后到达的"后来人"吧。

画家笔下的土星和它的最大的卫星——土卫六

　　而两位先锋还有自己重大的使命。它们身上都带有一封地球人给"宇宙人"的"名片"。它是刻在经过特殊处理的镀金铝板上的。它是由美国康奈尔大学的科学家——行星研究实验室主任卡尔·萨冈、国家天文学与电离层研究中心主任弗兰克·德瑞克和艺术家琳达·萨尔兹曼·萨冈设计的。它几亿甚至几十亿年都不会变形和变质。

　　在这张"名片"上，地球人向宇宙的知音作了自我介绍。它用14颗脉冲星和我们的相关位置说明了地球与太阳的位置，描绘了太阳系图解以及与飞船天线成比例的地球人(男人与女人)的图形等。这表明人们对"宇宙人"存在的坚定信念。

此图形表示中性氢原子因能阶跃迁产生微波辐射，波长为20.32厘米（8英寸）在此将它作"名片"中的基准长度

这是飞船的轮廓用以显示它与地球人的相对大小

这是用二进制表示的、十进制的数字8，意指图中女人身高为基准长度（20.32厘米）的8倍，即162.56厘米（64英寸）

此处中心点是太阳，14根辐射线代表太阳与14颗脉冲星相对位置，中间那条水平横线表示太阳与银河系中心的距离

这排圆圈最前者表示太阳，随后是太阳系的九大行星，并在每个行星旁用二进制标示其与太阳的相对距离。第三个为地球，曲线表示飞船由地球飞出，并飞越木星

地球人向宇宙的知音递上的"名片"　尺寸为15.25厘米×22.8厘米×0.127厘米（6英寸×9英寸×0.05英寸）。固定在飞船天线座下方，以防止宇宙尘埃的侵蚀。

旅行家出发了

先锋开了路,自有后来"人"。当"先锋11号"还在木星到土星之间的途中奔驰之际,1977年8—9月间有两位"旅行家"离开了"家乡"(地球),它们决心再去浏览一下开路先锋们报道的异星风光,去同那"宇宙人"巧叙衷肠。

这两位旅行家就是美国发射的星际飞船"旅行者1号"和"旅行者2号"。它们是一对孪生兄弟,模样一致,打扮相同。头戴一顶大圆帽(一个直径为3.7米的圆形抛物面天线),身穿一件十棱衣(它们都是十棱柱体的外形),左手拿着磁强计,右手拿着其他仪器。还挎着一个长长的挂包,里面放着三节同位素电池(由于它们还要远涉重霄,离太阳越来越远,因此,一般人造地球卫星所用的太阳能电池,是"英雄无用武之地"的),还拖着两个小辫子(鞭状天线)。这样一番装备打扮之后,使它们有了820千克的体重,全身珠光宝气、闪闪发亮,好不神气十足!

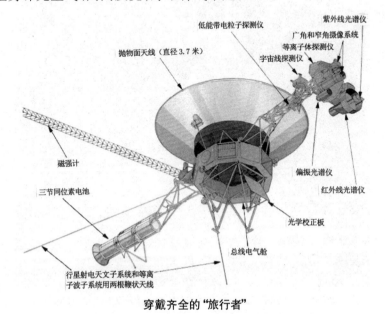

穿戴齐全的"旅行者"

　　"先锋"们的经验更便于行程的筹划。所以，它们打了个如意算盘，计划用更短的时间，游更远的路程，看更多的风景。前面已经说到"先锋11号"飞到土星花了6年多的时间，而它们只想用一半的时间。而且，在出发日期上精心选择了一个"黄道吉日"：使自己飞过木星轨道时，木星正好迎来；飞过土星轨道时，土星正好照面；飞过天王星轨道时，天王星也巧遇良朋。这样的"三星联游"，虽不是千载难逢的良机，也是要等45年才有一次的机缘，好生难得。它俩认为，机不可失，时不再来。于是都在1977年那个

旅行家出发了　这是1977年8月20日"旅行者2号"发射的情景。

美好的炎夏里,兴冲冲地出发了。老二是个急性子,沉不住气,8 月 20 日就匆匆上路。老大胸有成竹,半个月后,9 月 5 日才隆重起程。

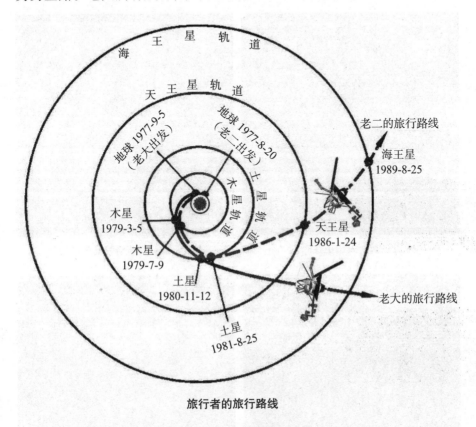

旅行者的旅行路线

　　尽管如此,老大还是比老二早 4 个多月,于 1979 年 3 月 5 日就飞越木星,对木星和它的 13 颗卫星中的前五颗(木卫一、二、三、四、五)进行观察。每天"寄"回老家 1500～1800 张照片。它第一次使人类了解到木星也像土星一样有一个环,连同后来发现的天王星的环一起考虑,这是太阳系第三个有环的行星了。它还看见木星有一道 30000 千米长的北极光。这是除地球外,迄今发现的唯一的有极光的行星。至于木星周围的卫星,更让旅行家饱览眼福,那真是奇异多姿、妙趣无穷。木卫一上的火山正以每小时二三千千米的速度喷射着气体和固体;木卫二是一个表面被冰覆盖的亮晶晶的冰球;木卫三有着高山和峡谷;木卫四有一片片放射着奇特亮光的盆地；木卫五却是个浅灰色的小球，上面还有一个微红的区域。那楞老二要到 7 月 9 日才能看到这五光十色、美不胜收的一切。

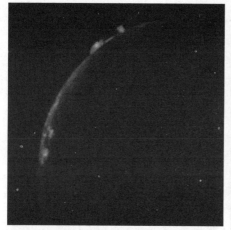

木卫一上的火山正在喷发

木卫四上有闪着奇特亮光的盆地

老二回首看见天王星酷似一轮新月

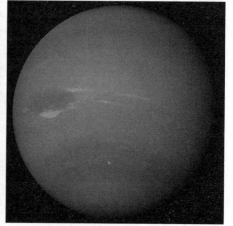

这就是老二看到的海王星美景

游罢木星，它们受到主人"一臂之力"的帮助（木星的巨大引力为它们加速），于是改变航向，快马加鞭，驰向土星。1980 年 11 月 12 日老大飞经土星，老二则要 1981 年 8 月 25 日才能飞经土星，再由土星的引力加油。经过 4 年的奔波，老二来个急转弯，径直向天王星飞去，1986 年它在天王星附近过春节。

旅行者之家 位于美国加利福尼亚州帕萨迪纳的喷气推进实验室。

那老大却与它分道扬镳，对天王星放眼遥望一下，就匆匆赶路，开始飞离太阳系的航程。它雄心勃勃，决心要赶上比它早出发5年半的"先锋10号"，成为4艘宇宙飞船中的冠军。在1998年2月中旬，它梦想成真，赶上"先锋10号"，成为离地球最远的人造物体。它将向蛇夫座方向飞去。而楞老二则甘愿殿后，它想多看一看太阳系中的异星风光，它于1986年1月24日瞻仰天王星的容颜，又于1989年8月25日看了海王星的美景之后，才依依不舍地登上飞离太阳系的途程，向望远镜座方向飞去。

有人也许会问，为什么不像对月球、火星的观测那样在木星、土星也稍事逗留，察看一下生命的痕迹、"宇宙人"的踪影？

原来，不在木、土两星上停留，是因为这两颗行星都无"陆"可着，表面没有地球这样的硬壳。木星是个液氢球，土星则主要是氢气和氦气组成。加之它们的引力是如此之大，即使能"降落"，再要动身，那旅行家们就会感到身如铅沉，难以起步了。

说到"宇宙人"，人们却是念念不忘的。

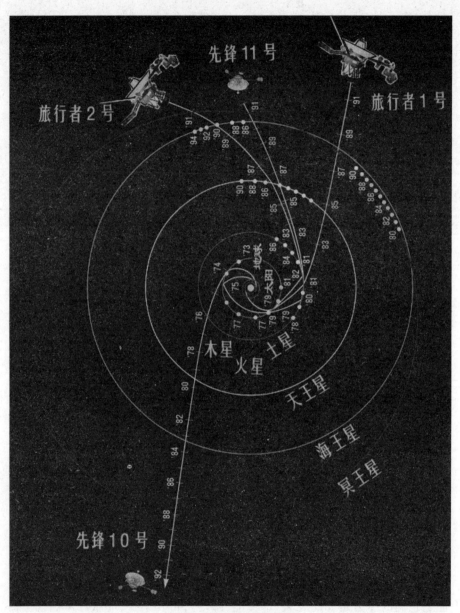

4 艘宇宙飞船的航线比较

"旅行家"们肩负着空前繁重的使命,它们为"宇宙人"带去了倾诉衷情的"地球之音"。

地球之音

"这是一个来自遥远的小小星球的礼物。它是我们的声音、科学、形象、音乐、思想和感情的缩影。我们正在努力使我们的时代幸存下来,使你们能了解我们生活的情况。我们期望有朝一日解决我们面临的问题,以便加入到银河系的文明大家庭。这个《地球之音》是为了在这个辽阔而令人敬畏的宇宙中寄予我们的希望、我们的决心和我们对遥远世界的良好祝愿。"

地球之音唱片 这就是"旅行者"打算送给宇宙中知音的喷金铜唱片,尺寸为当年唱片的标准尺寸:12英寸(30.5厘米)。在唱片中央上方印有唱片名称:《THE SOUNDS OF EARTH》(地球之音);下方用三行字标明制作单位,按从上到下顺序分别写着:NASA(国家航空航天局),UNITED STATES OF AMERICA(美利坚合众国),PLANET EARTH(行星地球)。这是唱片的第一面(在靠中心处下方标有"Side 1"字样),背面是第二面。每面可放 1 小时。这张数字化的唱片中录制了制作单位按"孤岛"思路认为应当告诉"宇宙人"的、当时地球上的基本信息。

这就是《地球之音》中记载的当时的美国总统卡特签署的给"宇宙人"的一份电文。

"旅行者"飞船就携带着这张《地球之音》。它是录制在直径为30.5厘米的喷金的铜唱片上。它同一个瓷唱头、一枚钻石唱针一起装在一个特制的铝盒中。这个铝盒又用钛制螺栓固定在飞船上。包装上刻着用科学语言写的唱片用法。唱片在宇宙中经历10亿年岁月也能嘹亮如新。

它是由美国天文学家卡尔·萨冈、艺术家琳达·萨尔兹曼·萨冈、音乐和科普作家蒂莫西·费里斯、喜爱音乐的作家安·德鲁扬以及另外几个人组成的专家小组精心选材录制的。可以放两小时,记录的是地球上各种有典型代表意义的信息,包括116张图片、35种地球自然界音响、27首世界名曲、55种语言的问候词、一段联合国秘书长的口述录音以及一份美国总统签署的电报。人们期望着,在茫茫宇宙中遨游的"旅行者",有朝一日能与"宇宙人"巧遇,他们就能根据《地球之音》的介绍,了解地球上的人类,从而激发他们与之交往的热情。

唱片一开始就是116幅图,用的是图像编码信号形式。它们介绍了太阳系概况及其在银河系中的位置,地球和地球大气层的化学成分,脱氧核糖核酸、染色体及人体图解,海洋、河流、沙漠、山脉、大陆、花卉、树木、昆虫、鸟、兽、海洋生物和一片雪花的形象,牛顿著《世界体系》中说明怎样把一颗炮弹射入弹道的插图,一幅日落图,一个弦乐四重奏乐团,一把小提琴以及贝多芬降B大调第十三弦乐四重奏总谱中的一页,接着是该乐曲的实际演奏,以表明音符与音乐的对应关系。还有各国风土人情,科学和文明的成就,例如火箭、飞机、火车、纽约的联合国大厦、旧金山的金门大桥、印度的泰姬陵等。其中有两张关于中国的照片,一张是长城,另一张是吃饭的场面。

接着,便是美国卡特总统签署的电文(在前面已经提到)。在电文前有一段说明这样写道:

"旅行者1号"宇宙飞船是美国制造的。地球上住有四十多亿人,我们是其中一个拥有二亿四千万人口的国家。我们人类虽然还分成许多国家,但这些国家正迅速地变为一个单一的文明世界。我们向宇宙发出的这份电文,它大概可存在到未来的十亿年。到那时候,我们的文明将发生深远的改变,地球的表面也可能发生巨大的变化。在银河系两千亿颗恒星中,有一些,也许有许多,可能是人居住的行星和文明世界。如果这种文明的人类截获到"旅行者"飞船,并能懂得这些记录的内容,那么下面就是我们的电文。

联合国秘书长瓦尔德海姆口述的录音是:

"作为联合国的秘书长,一个包括地球上几乎全部人类的147个国家组织的代表,我代表我们星球的人民向你们表示敬意。我们走出我们的太阳系进入宇宙,只是为了寻求和平和友谊。我们知道,我们的星球和它的全体居民,只不过是浩瀚宇宙中的一小部分。正是带着这种善良的愿望,我们采取了这一步骤。"

55种语言的问候词,包括了世界上几乎所有的语种,如英、法、德、俄、日,甚至还包括我国的广东话、厦门话和客家话等。还有一对鲸鱼的热情呼叫声,代表着其他生物的"问候"。

还用12分钟录下了35种地球自然界的各种音响。开始是令人眩晕的回旋声,象征太阳的行星——地球在轨道中运行;然后是象征地球混沌初开时的巨响;接着是汇成海洋的暴雨,再后是生命的发生,从冰川时代的寒风呼啸中传来了人类的声音;还有火山爆发的轰鸣、海浪拍岸的涛声;有火车、飞机、火箭开动或发射的巨响;有各种鸟啼、犬吠、兽吼、虫鸣;还有人的笑声、脚步声、婴儿呱呱坠地的哭声;人的呼吸、脉搏的录音和一颗脉冲星产生的宇宙噪声等。

《地球之音》唱片图像信息举例之一：中国的长城

《地球之音》唱片图像信息举例之二：中国人吃饭的场面

《地球之音》唱片图像信息举例之三：一幅落日图

《地球之音》唱片图像信息举例之四：一个弦乐四重奏乐团

唱片的大部分录的是世界名曲,代表着地球上不同时代、不同地区、不同民族的音乐。有巴赫、贝多芬、莫扎特的世界名作,例如,巴赫的布兰登堡协奏曲第二号第一乐章,是由李希特指挥慕尼黑巴赫交响乐团演奏的;贝多芬的降B大调第十三号弦乐四重奏(作品第一百三十号)第五乐章(小歌)。还有西方的爵士音乐、摇摆舞曲;世界上许多少数民族的歌曲;其中还录了中国的京剧和用古筝演奏的中国古典乐曲《高山流水》。

在短短的只能放两个小时的一张唱片里,要把我们地球从古到今最有代表性的一切记录下来告诉知音,真是谈何容易啊!这个专家小组的人在回忆这项繁杂的工作时说:"录制唱片使我们离奇而现实地面对着有关地球上的艺术和生活的一些抽象问题。我们是什么样的人呢?我们的基本特征又是什么?人类能创造某种具有宇宙性的东西吗?这就向我们提出了那个古老的孤岛问题:假如你只被允许携带一定数量的东西到一个与世隔绝的地方去,仔细想想,什么东西是你最需要带走的?"

而我们伟大祖国古老的文明,却使这些美国人,在解决这个问题时,不那么优柔寡断。他们是怎样选中《高山流水》的呢?安·德鲁扬这样写道:

> "我曾打电话给哥伦比亚大学的周文昌,请他选一首中国歌曲。我原想他也一定需要一些时间考虑。然而,他却毫不犹豫地回答道:'《高山流水》这首曲子抒发了人为大自然所深深陶醉的情感。它是用七弦之琴——古筝演奏的。这一乐器在耶稣以前几千年就有了。从孔子在世起,《高山流水》就已成为中国文化的一部分。把这首古曲送到太空中去吧,它会替你讲很多中国的事情。'我们就照他说的做了。在唱片中,这首乐曲的评选是最容易的。"

于是,这悠扬的中国乐声,就代表着地球人去寻觅远方的知音了。

奇妙的电报

"旅行者"肩负着如此重任，"地球之音"寄托着人类那样殷切、善良的盼望。可是，即使旅行家们不遇上飞来的奇祸，也不病魔缠身，一帆风顺地走去，也得要到1989年才能掠过太阳系边沿的冥王星，然后以每秒 17.2 千米的速度飞往银河系的其他恒星系。它们还得再飞成千上万年，大约要过14.7万年和55.5万年，才能分别到达另一个恒星世界。在那里，它们能不能遇上"宇宙人"，送出我们的《地球之音》呢？只有我们遥远的后代才能看到这个结果。而我们，生活在今天的人们，却不能满足于这令人心焦的等待。飞船走得太慢了，人们把希望寄予目前所发现的走得最快的使者。这就是电波！它的速度

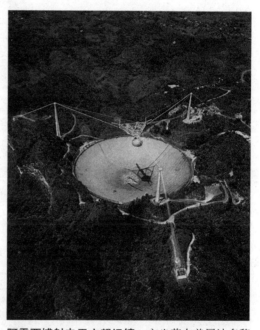

阿雷西博射电天文望远镜　它坐落在美属波多黎各的阿雷西博山谷中，当时是世界上单面孔径最大的、最灵敏的射电望远镜。它能接收到离地球几百到三万光年之遥的星体辐射的电波。中间的大圆盘是它的天线反射器，它是一个旋转抛物球面反射器，由4万片带孔的3英尺×6英尺（1英尺=0.3048米）的铝板拼接而成。直径为1004英尺，深167英尺。是迄今为止世界最大的抛物面天线反射器，占地约1.3公顷。上空悬吊的是它的天线馈源，它由三根铁塔和一组吊臂支撑、悬挂在反射器上空450英尺处，全重约900吨，由26个电动马达调节，精度可达毫米级。

是每秒 30 万千米，比"旅行者"在星空中飞行的速度快 17000 多倍！还是让它给宇宙人捎去地球人的问候吧。

1974 年 11 月 16 日，在庆祝地球上最大的射电天文望远镜阿雷西博的镜盘换面典礼上，这座属于美国康奈尔大学的天文台向"宇宙人"发出了一份电讯。它是把需要发送的信息进行编码，信息为 1679 比特，发了 3 分钟。学术界称之为"阿雷西博信息"。

阿雷西博信息　这就是由阿雷西博射电天文望远镜向离地球 2.5 万光年的"梅西耶–13"球状星团发射的数字化的图像电讯。图形从上到下的含义如下：最上面第一排的亮白色表示数字，从左至右分别代表从 1 到 10；接着的第二排暗色部分表示人类 DNA（脱氧核糖核酸）所含的 5 种元素，以其原子序数来表示，从左至右分别为氢（1）、碳（6）、氮（7）、氧（8）和磷（15）；接着下面三排次亮色部分表示 DNA 的基本结构；而下面两个对称的弯曲部分表示人类 DNA 双螺旋体，中间的亮白色表示其约有 40 亿个核苷酸；其下暗色部分为人的外形，人形左边是表示身高 5 英尺 9.5 英寸或 14 个波长，人形右边表示地球上人的数量（当年约为 40 亿）；人形脚下亮白色部分表示太阳系，左边大方块是太阳，其右边是按距离顺序排列的 9 个大小不同的行星，第 3 颗行星是地球，就是人正中下面那一颗；再往下暗色部分表示该射电天文望远镜，上为抛物面反射器形状，下为反射示意图，表示电波由馈源经抛物面反射后成平行波束；最下一行表示反射器孔径为 1004 英尺或 2430 个波长。（注：发射信号波长为 12.6 厘米）

这个数字化的图像电讯所代表的画面大意是：

"这是我们怎样从一数到十。这是我们认为有趣或重要的原子：氢、碳、氮、氧和磷。这是我们认为把这些原子混合起来的一些有趣或重要的化合方法，化合成胸腺嘧啶、腺嘌呤、鸟嘌呤和胞嘧啶的分子结构，和一个含有交变碳酸化合物和磷酸盐的链。这些块状的分子结构放在一起组成一个含有约40亿个链节的脱氧核糖核酸长分子。这个分子是一个双螺旋体。它在某种程度上对电讯中央的那个形态笨拙的生物是重要的。这种生物长14个波长，或5英尺9.5英寸（1英寸=2.54厘米）高。太阳系总共有9大行星（注：现为八大行星），4个大的在外侧，尽头是一个小的。这份电讯给您带来直径是2430个波长或1004英尺的一台射电望远镜的问候。您

梅西耶-13（Messier 13，简称M13）球状星团 是北半球最亮的球状星团，位于武仙座的"腋窝"处，距地球约25000光年。有大量恒星聚集成一个球形，总数约为100万颗。在约150光年直径的球形区域内，有超过10万颗，在3光年直径的核心处，约有100颗。为5.8星等，在晴朗无月的夜空用普通望远镜即可看到，肉眼也依稀可见。阿雷西博信息就是发给它的。

的忠实的朋友。"

在发射时波束所含的有效能量,约为全地球电力总功率的10倍。在正对这一射束方向上,这股能量使发射的信号比太阳亮1000万倍。所以,康奈尔大学国家天文学与电离层研究中心主任德瑞克回忆说:"有3分钟时间,我们是银河系中最亮的星。"

国际无线电通信咨询委员会宣称:与"宇宙人"相互通信,第一次提到实际业务上来考虑,这是具有很大意义的。

这份电讯是发给当时正巧在人们头顶上空的一组名叫"梅西耶-13"的球状星团。它大约包含100万颗恒星,距地球约2.5万光年。因此,如果那里真有"宇宙人"在收听,那也得2.5万年才能到达。而如果"宇宙人"有兴趣而且能够给我们回音的话,回电到地球已过了5万年了。经过这漫长而难以捉摸的5万年之后,地球文明、人类的子孙将是什么样的情景呢?又有谁能回答这个问题?

探索吧,朋友

看来,我们这些在这个小巧精致的蔚蓝色的地球上生活惯了的人,十分不习惯于宇宙这个过分庞大而神秘的概念。它动不动就是上亿千米的路程、上万年的时间。而我们人类的生命却是那样的有限,我们所做的努力同我们应该达到的相比又是那样的平凡。也许有人会问:如今所做的一切,在过了上万年之后还有意义吗?也许另一些人会说:对"宇宙人"的探索只不过是"庸人自扰",根本就没有什么外星文明,地球是得天独厚的。也许还有人说:什么飞碟呀、宇宙电讯呀,通通不过是"白日梦呓",那对外星的探测也只不过是为了显示一下自己技术的威力……

但是,我们却要说:对宇宙生命(包括高级生命)的探索,是一项严肃的、影响深远的科学事业。因为,从本质上说,对宇宙的探索就是对我们本身的探索。这探索将使我们更加了解我们的星球在宇宙中的地位和意义；了解我们人类在宇宙生命进程中的地位和意义；同时对我们本身、对我们地球上的一切、对我们从地球向外看去的一切，做出更科学的解释。又因为，在这样的探索中，我们将极大地发展我们的技术手段、经济手段、哲学手段，甚至行政手段，我们将会把我们地球上的文明向更高的阶段推进。还因为，我们人类在科学上决不能是自私的，我们今天的努力，将为我们千秋万代的生活、思想认识奠基，如果我们能早一点回答诸如生命的演化、宇宙的演化之类的问题，我们将无愧于我们的后代。

我们还可以把思绪缩得更小一点，问一问：你有什么理由来否定人们怀疑、幻想和探索的一切呢？难道你没有看到人类所设计的、奇形怪状的飞船正在飞往宇宙？难道你没有了解到重返大气的飞船会发出耀眼的亮光？难道你没有听说一艘艘探测器在地球以外的星球上着陆？那么，为什么就不可能有外星文明人所发射的"飞船"、探测器在地球着陆、在天空发光呢？还有，你或者人类是否已经对射电天文望远镜所截获的电信号的全部含义做出了科学的解释？是否对脉冲星、类星体或者星系核的电磁辐射起因做出了明确的回答？是否对于达到光速的飞行速度和可能产生的影响有了理解？说得再露骨一点：谁又能保证在我们有生之年不会发现另外的宇宙生命或者翻译出一篇天外来电呢？

虽然，我们地球上的人拥有能引起外星人注意和进行宇宙探索的技术手段，例如无线电通信、核爆炸、射电望远镜、宇宙飞船等，只不过几十年的时间。可是，谁又能断定外星上的文明也是与我们同时发生和发展的呢？也许，他们在好多年前已在向地球进军；也许，他们的"飞船"正在向我们逼近；也许，他们的电讯正在变得越来越能使我们懂得；也许……；也许……

既然我们像不能肯定那一切的那样，不能否定这一切，那我们就没有理由不期望、等待和行动。

所以，我们要说：

等待吧，朋友！等待那使你神往、振奋的一个又一个喜讯！

探索吧,朋友! 探索那地球外生命的奥秘和宇宙中的知音!

幻想是美好的,

而探索则更加美好……

（原载《知识就是力量》1980年第5,6,7期）

"旅行者"宇宙飞船航行在太空之中　如果你想知道它们现在何处,可上它们"老家"(喷气推进实验室)的网站上去查询,网址是 http://voyager.jpl.nasa.gov。

第二篇

滚滚红尘报警讯

待补的"天" 人类可以让"嫦娥"奔月，却无法派"女娲"补天。高空的臭氧层为人类挡住有害的紫外线，多少年来，人类的活动却在使它变薄，其中以南极变薄最多，故称之为"臭氧洞"。联合国将每年的 9 月 16 日定为"国际保护臭氧层日"，以资警示和宣教。上图为 2012 年 9 月 16 日当天，南极上空"臭氧洞"的状况。

来自大气层的警报

我们居住的地球，被一层厚厚的大气所包围。它正是使我们人类得以在地球上劳动、生息、繁殖的主要自然条件之一。然而，人们却漫不经心地在改变着大气的组成。世界上有不少科学家正在为此事感到担忧。于是，他们发出了警报……

与太阳有关的电磁辐射

来自大气层的"警报"是什么？为了说清它们的来龙去脉，首先谈谈电磁波谱以及太阳的辐射。

波动现象，人们并不陌生。起伏的水波、悦耳的声波、绚丽多彩的光波。人们都已司空见惯。在物理学中，人们就用波动来形容强弱、高低或疏密交替地传递能量的现象。起伏的最高点叫波峰，最低点叫波谷。两个波峰（或两个波谷）间的距离叫波长。把波动按波长的长短顺序排列起来就叫波谱。电磁波谱，就是把电磁波按其波长的长短顺序排列成的一张图表。

一提起电磁波，一般人就可能想到收音机、电视机所收到的电波。其实，这只是电磁波很小的一部分。根据电磁理论研究，从波长很长的照明用交流电，到波长很短很短的宇宙射线，其中就有包括广播波段的无线电波和使万物绚丽多彩的可见光波。电磁波谱的情况如表 1 所示。

表 1　电磁波谱简表

名　称	波　长
γ射线	0.001～0.1 纳米
X 射线	0.1～10 纳米
紫外线	10～400 纳米
可见光	400～760 纳米
红外线	0.76～1000 微米
无线电波	1 毫米以上
注：1 米=1000 毫米，1 毫米=1000 微米，1 微米=1000 纳米	

太阳，可以说是一个天然的电磁波源，它辐射从无线电波到伽马射线的各种类型的电磁波。如果这些电磁辐射都传到地面，所有生物都要遭殃，那将是一幅不可想象的情景。

地球有一个安全气毯

值得庆幸的是，就像人们裹着毛毯能抵御风寒一样，地球周围则有一层厚厚的大气。这个宝贵的"气毯"，使人们不致受到有害电磁辐射的袭击。没有大气层，地球上任何生命都不可能生存下来。

可是，大气层并不是阻挡太阳的全部辐射，而是"放"过一些有用的，挡住一些有害的。它在这方面的作用就像一个电磁波的过滤装置一样。正是这种对电磁辐射的过滤作用，才保证了人类和地球上一切生物的正常生活和繁殖。

大气的主要成分是氮和氧，前者约占四分之三，后者约占四分之一，其他还有一些非常少的气体成分：臭氧、二氧化碳、氢、氦、氩……大气结构具有分层的特点,表2是各层的名称及其大致高度。

表2 大气分层简表

名　称		高度(千米)
非电离层	对流层	< 15
	平流层　臭氧层	15～35
	平流层　升温层	35～60
电离层	一氧化氮层	60～90
	氧分子层	90～140
	氮分子层	140～240
	氧原子层	240～400
	氮原子层	> 400

任何物质都是由原子组成,原子又是由带正电的原子核和带负电的电子组成。太阳辐射的紫外线和那些比紫外线波长更短的射线(还有一些高能粒子),会使大气的原子或分子放出一个以上的电子,而本身变为正离子(这种过程叫电离)。在60千米以上的大气"吃"了这些强烈射线后,变成了"电离层"。而电离层又能反射波长较长的无线电波,只许波长较短的无线电波通过。再加上60千米以下大气层的作用,使得大气层对电磁波好像只开了两个"天窗":一个叫"无线电天窗",它允许大部分无线电波通过;另一个叫"光学天窗",它能透过可见光和一部分紫外线、红外线。所谓的警报,就是由后两者引起的。

使人温暖的红端邻居

由表1的电磁波谱里可以看到,可见光的两邻居就是紫外线和红外线。可见光是由红、橙、黄、绿、青、蓝、紫七色光组成。在"雨后复斜阳"的时候,人们常常可以从美丽的彩虹里看见这些组成,这是由于大气中的水滴对不同波长的光折射不同的缘故。红光波长最长,紫光波长最短。而红外线是红光的邻居,它比红光波长还长,"红外"之称即由此而来。同样,紫外线则是紫光的邻居,但它的波长比紫光还短。

太阳能给大地带来温暖,火炉能把东西烤热,这就是说它们辐射着热。红外线就是这种热辐射的主角。任何物体只要温度比绝对零度高【注:绝对零度是指−273.15℃,它是目前为止人们所认识的最低温度界限,可以无限接近它,而不能达到它。所以在科学技术上用它作为温度计量的起点(即绝对零度)】,就都会辐射红外线。物体温度越高,辐射出的红外线的能量也越大。一句话,自然界的所有物体不管是在白天还是黑夜,都在不断地放出红外线,连人们自己也不例外。

太阳辐射能量有一半以上是落在波谱的红光和红外线部分。当太阳位于地平线上方6.8°时,红光和红外线竟占75%,这就是在早晨太阳初升和下午太阳将落之时看起来为什么那样鲜红的原因。

我们前面说过,地球周围的大气"吃"掉(反射和吸收掉)太阳波谱的大部分,但却格外"开恩",放进可见光,为我们"照明",也放进红外线为我们"取暖"。从这个意义上讲,太阳像个巨大的火炉,"烘烤"着人类居住的地球,而我们正生活在一个以大气作顶的巨型温室之中。

第一个警报:温室效应的加强

我们天天听到的天气预报中的气温,就是太阳热辐射对我们周围空气"加热"的结果。当然,这个加热过程是极其复杂的。粗略地讲,空气直接吸收太阳热能的能力是很有限的,一部分红外线被它反射或散射回去,大部分透过它照到地面;地面也会反射一部分,但是有不少红外线被地面吸收,使地面温度升高,而它又加热周围的空气。

阴天的云层反射了大部分热能,地面吸收得少,气温就低。北国的冬天,"千里冰封,万里雪飘",地面反射得多吸收得少,空气也就冷了(当然,气温的高低还同其他许多因素有关,例如太阳的直射和斜射,气流的影响——"春风送暖""寒流降温",都是这个缘故)。

地球的很大一部分红外辐射,为什么不能逃回广漠无垠的宇宙,而用来加热周围的空气呢?这主要是由于二氧化碳(即碳酸气)的功劳。它大量吸收由地面来的红外辐射,使气温升高。也就是说,空气里有了二氧化碳,就把这层空气变得像保温层一样。空气里二氧化碳含量越多,吸收地面红外辐射就越多,气温升高也就越多,这就叫"温室效应"。

在接近地面的这层空气中,二氧化碳的含量平均约为万分之三。但是科学家们测出这个含量正在与日俱增。流行的两个解释是,一方面,每年人类要烧掉几十亿吨煤和石油,按此计算,每年进入空气的二氧化碳相当于原含量的千分之七,照此下去,到50年后含量将增加一倍!另一方面,靠"吃"二氧化碳过日子的森林正在被日益砍伐越来越少,又减少了对二氧化碳的消耗。这样,由于温室效应,有人认为到2050年,整个大气温度将增高3℃!这可能会将南极的冰盖融解,从而在今后半个世纪中使海面上升5米!世界将面临一场洪水泛滥的危险,这就是一些科学家拉响的第一个警报。

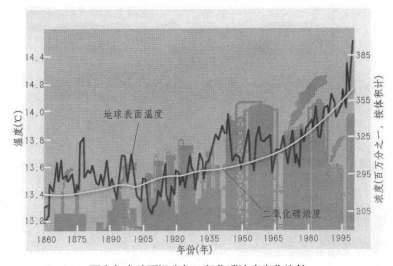

百余年来地面温度与二氧化碳浓度变化比较

望而生畏的紫端邻居

现在来介绍一下可见光的另一个邻居——紫外线。它既有用又有害，而且人们对它也不是十分生疏。皮肤晒黑就是紫外线造成的，它几乎已经成了经常进行户外活动和劳动的标志。一定剂量的紫外线照射对人体健康是有益的，它能帮助在皮肤内合成各种维生素，而这是骨骼和牙齿正常生长不可缺少的。直接受紫外线辐射对人眼非常有害，这就是直视太阳光时"金针刺眼"的原因，也是直视电焊火花会造成电光性眼炎的原因。过量的紫外线照射会引起皮肤灼伤、老化甚至皮肤癌。人们还发现，紫外线对植物的光合作用和昆虫的生活习性都有影响。

大气层的臭氧层既是紫外线作用的结果，又是替生物世界阻挡紫外线的一个屏障。因为紫外线的某些波长能把氧分子分裂为两个高度活化的氧原子，其中之一与另外的氧分子结合就成了臭氧。于是在 15～35 千米处形成一个臭氧层，虽然同其他大气成分相比，它是微乎其微的，但却正是它能挡住太阳的紫外线中最危险的波长（它不允许波长小于 290 纳米的紫外线通过），同时也能使其他波长减少到生物可以耐受的水平。

第二个警报：臭氧层的破坏

可是，在各种喷雾式容器中（俗名"喷雾弹"）用作助喷剂的含氯氟碳化合物（简写为 CFCs，工业产品中以氟利昂为典型代表），可能在破坏着保护地球免受太阳紫外线伤害的臭氧层。

有的科学家指出，这种氯氟碳化合物一经释出，就会慢慢上升到地球上空的臭氧层顶部。在那里，紫外线会把该气体中的氯原子分解出来。这样,通过化学反应,一个游离的氯原子就可以破坏成千上万个臭氧分子。

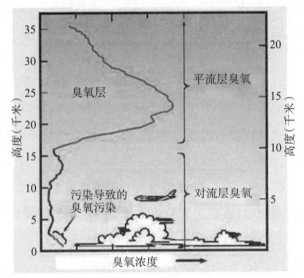

大气中的臭氧分布示意图

这将会造成什么样的后果呢？有科学家估计,假如臭氧损失 10%,人类又没有什么办法来保护自己的话,那么皮肤癌的病例将增加 100 万人,每年要多死 4 万人。对动、植物和微生物可能发生的影响,则更令人不安。有人认为它将导致动、植物的一些主要种属的灭绝,从而打乱复杂的食物链,给各种生物带来严重后果！总之,臭氧层的破坏将导致紫外辐射的增强,从而对人及其生活的环境造成极为不利的后果！这就是另一些科学家拉响的第二个警报。

奔向未来

科学研究的深入,使人们把一般概念中似乎不相关的问题联系起来,例如上面提到的二氧化碳与红外线,臭氧与紫外线。进而在一定的实验观测与理论推论的基础上提出了两个令人心悸的警报。这是应当引起人们注意的问题。但是，面对这些警报，并不需要惊慌失措，更不能悲观失望。应该怎样来看待这一切呢？

一方面，人为的因素对大气是造成了污染，应该防治是肯定的。但是这只是问题的一个方面，同时还有其他因素的作用也应该予以考虑。在学术界，对人类活动在多大程度上导致了气候变化，认识上还有分歧。例如，从气温来看，二氧化碳自 1940 年以来一直稳定地增加。但是从 1940—1975 年间实测的平均气温却在下降也是事实，这是用二氧化碳的温室效应无法解释的。

另一方面，工业技术的发展虽然给人类带来新的矛盾，但是也给人类解决这些矛盾提供了新的手段。人类必须能够保护自己赖以生存的环境，而且还要使之日益美好。在这些警报面前，人们（也包括那些发出"警报"的科学家）不会等闲视之，更不会灰心丧气，而是更加努力地去探索和创新（包括技术创新和理论创新）来保证人类的幸福生活，满怀信心地奔向未来。

（原载《科学普及文集》1980 年第 2 期）

微波的警讯

突飞猛进的无线电技术，已经发展到利用波长很短很短的电波——微波。微波技术应用极广，除了传递信息之外，还可以运用到工、农业生产和医疗方面。可以说，微波将日益深入人们的生活。

新 的 问 题

不是吗？雷达站所发射的微波在守卫着祖国的陆地、天空和海洋；导航台所发射的微波在引导着飞机、舰艇和车辆；天文台的射电望远镜所接收到的微波在揭示着宇宙的秘密；通信卫星利用微波向全世界传递信息；微波可以控制导弹和热核反应；微波可以了解气象和地质；农业上利用微波烘干、灭虫和除草；医疗上利用微波治疗、消毒和制药；甚至吸的香烟、吃的烤鸭都用微波炉进行烘烤。掌握了微波的人们，继续运用微波创造一个又一个的奇迹，而对微波生疏的人们，也力求了解和熟悉微波。

可是，一个问题突然出现在人们的面前：微波对人体有害！于是不少人为之一惊，众说纷纭。有的说这个问题值得研究，应该去寻找防护办法。有的说微波弊多利少，应予禁用。根据实验和观察证明，微波对人体确实有影响。目前，微波防护，已经成为一门新技术。

什么是微波

微波就是无线电波的一个部分,微字专对它的波长而言。任何波动,都是把高低或强弱交替演变传播出去的过程。在波动所经过的空间里都分布着最高点和最低点。两个最高点或最低点之间的距离,叫作波长。它和频率一样地被用来描述波的特征。在无线电技术里,人们把无线电波划分为几个波段:波长长的叫"长波",波长短的叫"短波",波长微小的就叫"微波"。它通常是指波长为1米到1毫米的波,有时延伸一下,也包括波长为1～10米的波(叫"米波")和波长为0.1～1毫米的波(叫"亚毫米波")。收音机收听的中波广播波长有几百米。照明用的电线上传输的电波波长是6000千米。把它们同上面说的微波的波长一比较,这个"微"字就不难理解了。由于波长的量变,引起了波的性质的质变,使微波具有与其他无线电波显著不同的特性。人们正是利用这些特性使许多理想变成了现实。

微波本质上是物质存在的一种形式。它的应用目前有两大方面:其一是用它作为信息的运载者,例如在通信、雷达、制导和测量等应用中就是如此。其二是用它作为能量的传递者,例如在工农业、医疗和烹调等方面的应用。当然,两者都与能量传递相关联。

微波对人体的作用

随着微波应用的日益广泛和深入,特别是大功率微波能和微波医学的发展,微波对人体作用的研究也日益受到重视。根据对从事微波的工作人员的调查、微波理疗的观察和动物实验,都表明微波对人体是有明显作用的。作用表现在两个方面：一个方面是通过使人体发热而对人体产生作用（称为"热效应"）；另一个方面不是通过使人体发热而产生作用（称为"非热效应"）。

热效应是这样发生的。即人体是由分子构成，分子是由原子构成，原子又是由带正电的原子核和带负电的电子构成。在电波的作用下，这些正负电荷分别跑到分子的两端，这种结构形式称为"偶极子"（"偶"是指正、负电荷为一对，"极"是指两端，所以"偶极子"就是有一对正、负电荷在两端的分子）。无线电波是正、负交变的，因此根据同性相斥、异性相吸的原理，"偶极子"就在交变电波的作用下被迫来回反向，这就会与周围的分子相摩擦而发热。于是微波的能量（简称"微波能"）就变为热能。吸收的微波能越多，发热就越高。人体组织吸收微波能而发热有如下规律：

1.组织选择性。即含水分越多的组织吸收微波能越多。例如肌肉、内脏器官、血液等水分丰富的组织就比脂肪、骨骼等水分少的组织吸能多。

2.机体调节性。一方面人体机体对体温有调节作用，例如血液供应少的部位比血液供应多的部位散热作用较好，另一方面由于神经系统的反应，又会影响机体体温的调节。

3.波段差异性。不同波长范围的微波对人体的作用不同，这是因为人体组织在不同波长下等效电特性不同所致。吸能越多，热效应越大。一般来说，波长长于2米的波，几乎全部穿透人体，对人体作用甚微；波长在25厘米到2米间，部分穿透人体，吸收可达40%，对内脏作用较大；波长在10～30厘米间，吸收比率为20%～100%，对人体皮肤和皮下深部组织都有作用；波长在3～10厘米，则由于集肤效应，主要作用于皮肤，吸收比率约达40%；波长短于3厘米，则大部分反射，小部分吸收，作用于皮肤。

现代医学中所用的微波理疗，就是基于微波在人体所产生的热效应。临床上已用于数十种疾病的辅助治疗，主要是扭伤、炎症和风湿等。

所谓"非热效应"，是指除了受微波照射而发热的现象之外，那些不能用热效应来解释的现象,主要有光化学反应、电磁谐振效应和场致效应等。它们有时单独作用,有时也伴随热效应。人们用这些效应来解释人体受低强度微波照射后,机体无明显温升,却引起神经系统以及其他方面的变化。例如,条件反射受抑制、嗜睡、心动过缓、血压下降、胃肠吸收率增高以及射频幻听现象等。但是,目前对这类效应的存在及其作用尚有争论,有待进一步探讨。

微波对人体的危害

当我们了解微波的作用和推广应用微波的同时,我们还必须注意:对微波控制不当,是会对人体造成危害的。对于这一点,应该向大家讲清楚。但是不要因此而造成错觉:"微波害多利少。"

概括说来,微波高强度连续直接照射人体,对人体有明显的伤害和破坏作用,即能使人的体温升高,产生高温生理反应,如心率加快、血压升高、呼吸加速和出汗等,严重的甚至出现抽搐和呼吸障碍,直至死亡。一般或低强度长期照射,对人体也有影响。有好、坏两个方面:好的方面,例如使血流量增加、提高组织兴奋性和再生能力、增强器官机能,以及促进新陈代谢等,被用来治疗疾病;坏的方面,例如疲劳、嗜睡、记忆力和食欲减退、白细胞减少、血压低、头痛、心脏杂音、心电图和脑电图变化、心动过缓和心律不齐、脱发以及嗅觉下降等主客观症状,通过适当的诊治和一定的休息大都可以恢复。

至于微波对人体各部分危害的详情,由于涉及微波技术、生物物理、生物化学和医学等方面的许多术语和概念,因此这里不能详加叙述。对此有兴趣的读者,可以从附表中看出一个梗概。因为这方面的研究还方兴未艾,所以该表也只是国内外部分实践的总结和初步分析的看法,仅供参考。

微波对人体的影响简表

部位	敏感性	主要影响情况
眼	很敏感	流行的说法是引起白内障
睾丸	很敏感	能抑制精子生成过程，伤害生殖机能
血液	敏感	引起血液指数不稳定，一般为白细胞减少，组织胺含量增加
心血管系统	敏感	血液动力失调，血管通透性降低。高强度的使心跳加速，低强度的使心动过缓、血压降低、心电图改变
甲状腺	敏感	甲状腺稍肿大，组织的灵敏度增强
神经系统	较敏感	引起神经系统机能紊乱，呈衰弱反应（如疲乏、头痛、嗜睡、手抖等）
皮肤	一般	热感，高强度可以灼伤
消化系统	一般	高强度可以引起胃肠黏膜充血、糜烂甚至溃疡，低强度可以引起恶心，胃纳减退等
内脏器官	一般	可以使血管扩张，组织充血。高强度可以引起器官出血，甚至坏死
听力	一般	引起听力降低和微波幻听
嗅觉	一般	灵敏度降低
骨骼	一般	对生长中的骨组织有损害，能破坏骨髓。高强度可以引起骨髓腔内出血
呼吸系统	一般	一般呼吸率加快。高强度可以引起呼吸障碍和呼吸道伤害

微波安全与防护

微波可能危害人体,但也有办法减少它对人体的危害。对这方面问题的研究,形成了一个新的技术分支,叫作"微波安全与防护"。详细说来,它包括下面三方面:

第一,微波系统产生的电磁辐射对人体乃至其他生物的作用现象、机制、利弊,即所谓"微波的生物效应";

第二,确定辐射安全标准、劳保规则、卫生制度,即所谓"微波辐射卫生学";

第三,探讨把工作场所的微波辐射降到安全标准以下,以及减少工作人员受照剂量的设备和办法,即所谓"微波环境保护"。

在微波技术中,用能流密度(或叫"功率通量密度")来表示辐射的强度。它的意义是单位时间内通过垂直于能量流动方向的单位面积的能量,或者通过垂直于能量流动方向的单位面积的功率。单位是:每平方米多少瓦(瓦/平方米),这个单位在实用中太大,通常用(毫瓦/平方厘米)为宜。

对人体的危险性,除了取决于辐射强度外,还与受照时间的长短、受照部位和面积以及其他一些因素有关。因此,安全标准的确定是一个复杂的问题,这方面的看法还很不一致。西方国家的一些研究人员认为,100毫瓦/平方厘米以下强度的微波一般不致造成明显的不可逆的组织伤害。因此,大部分研究人员认为取安全系数为10之后,安全限度可定为10毫瓦/平方厘米。东欧国家的一些研究人员根据他们对神经系统功能影响方面的研究结果,认为100微瓦/平方厘米强度的微波就可以引起中枢神经系统功能的变化。故取10微瓦/平方厘米为安全限度。苏联和东欧一些国家大体上就按这个数字规定的。看起来,综合考虑可能更妥当一些,例如,对短期接触者可以按前者,对长期接触者宜按后者。

关于防护措施,大致有以下几点:

第一,建立妥善的安全规则,研制并在工作场所安装测定辐射强度的仪器,最好使之自动监测;

第二,加强对微波辐射效应的研究,更细致地确定安全标准;

第三,对从事微波工作的人定期进行体检,及早发现征兆,采取适当的劳保措施;

第四,探讨医疗方法和预防措施;

第五,尽可能减少微波辐射器对人体的照射,包括对辐射源进行屏蔽,屏蔽辐射源附近的工作地点或加大两者之间的距离;

第六,研制和穿戴防护眼镜及防护服等。

怎样认识微波对人体的影响

微波,与任何事物一样都有其两面性。一方面,它是很好的东西,并已广泛地应用,又正在向新的领域进军。另一方面,如果使用不当,那它又可能危害人体。

事实上,微波的危害并不是什么过分意外和特殊的东西。在人们对电磁波谱(从甚低频到宇宙射线)的利用中,类似情况十分普遍。试想想,原子射线对人体明明有害,但是人们不正在利用它照射肿瘤、挽救生命么?X射线也对人体有害,但是医院里不是也有大量的病人在用它透视和拍片么?反之,一些明摆着是好的东西,难道不会带来损害?例如,明亮的灯光使人能看清事物,但是过分强烈的光线反而会刺伤眼睛。甚至游泳这样锻炼人的体育运动,搞不好也是会淹死人的。但是,人们在与上述事物接触的时候,为什么就不像现在对微波那样担心?这只不过是因为当时这个问题还比较新,对它了解得还不够,研究得还不深的缘故。

因此,对于微波对人体的影响,一点也用不着大惊小怪。相反地,我们应当去研究它、认识它、征服它,不是么,医学上利用微波的地方已日益增多,利用微波的热效应的微波理疗机已在国内、外医院中广为配备。这不正是它的生物效应好的方面么?

总之,我们的结论是:微波并不可怕,而是大有可为。自从 20 世纪 40 年代微波问世以来,这短短的几十年中,比起其他同时代兴起的科学分支,它发展得更快、更成熟,应用也更广、更普及。而它对人体的影响也有正、反两方面,它的危害只不过是一种"副作用"。只要我们注意研究,认真对待,制定正确的安全与防护措施,就一定可以克服。

微波,必将在千万人的努力中,为人类做出更大的贡献!

(原载《科学普及文集》1978 年第 1 期)

第三篇

漫漫征途创奇迹

MANMAN ZHENGTU CHUANG QIJI

整装待发 这是"中星十一号"通信卫星与"长征三号乙"运载火箭在西昌卫星发射中心的发射台上的情景。2013年5月2日凌晨0时06分，它顺利升空。

谁是电波报春人

春,给人以幻想的启示;春,给人以美的陶醉;春,唤起人对新事物的热爱与向往……

年轻的人,谁不愿为春唱一曲赞歌,谁不想沐浴在春天和煦、美好的阳光之中?

可是,年轻的朋友,当你在这科学的春天里学习和工作的时候,当你从收音机的喇叭声中、电视机的荧光屏上感受到春的气息的时候,当你伴随着电唱机、录音机放出的春的旋律翩翩起舞的时候,你可曾想到过与这一切相联系的电波的传播?你可曾思考过那千百个为电子科学而献出青春的科学家们所给予你的启示?你可曾问过:谁是电波报春人?

如果你没有的话,那么,请放开你思想的缰绳吧……

春 的 信 息

美丽欢腾的剑河,在伦敦以北 90 千米的地方放慢了脚步。也许是想要浏览一下英国的著名学府——剑桥大学幽雅的校园,也许是怕惊动了宁静的书斋中沉思的学者们。所以,它悄悄地穿过木桥、石桥,默默地漫步在花间、林荫,围着这所著名学府绕了一个马蹄形的大弯,才匆匆地往北,流向大海。

　　剑桥大学，这是出过牛顿、达尔文这样划时代科学家的母校，也是汤姆逊、卢瑟福这类原子物理学的奠基人攀登和冲刺过的地方。在我们所关心的电波的历史中，这里也是一个值得回顾的场所。

　　1871年，剑桥大学成立了一个名叫"卡文迪许实验室"的学术研究机构。它不是大学里学生们看看示教、练练操作的普通实验室，而是一群有名的科学家及其助手攻关的战场。它的第一任主任就是伟大的电磁学理论家克拉克·麦克斯韦。正是他，以学者的勇敢和自信，向世界预言了电波的存在！直到逝世，他都一直领导着这个实验室。他为宏观电磁理论奠定了严格而坚实的基础。他的理论至今仍然是无线电专业的大学生们必修的课程。

　　有人说，麦克斯韦是靠他的天才和灵感，才想象出电波这种奇妙的东西来的。不，他靠的是前人丰富的实践和自己精心的钻研，他注意揭示事物内在的矛盾。如果说他有什么"超人"之处，那就是他那炉火纯青的数学修养和忠实于科学的大胆想象。而这些，也只是来源于他的勤奋。

麦克斯韦

　　自从发现摩擦生电和磁石吸铁这些原始的电磁现象之后，人类经过了两千多年的探索，才找到了它们之间的联系。1820年，丹麦物理学家奥斯特发现当导线中有电流通过的时候，附近的磁针会发生偏转。学徒出身的英国实验大师法拉第，指出磁石吸铁是因为磁石在其周围建立了磁场，通过磁场对铁产生作用的缘故。而载流的导线也是由于在它周围产生了磁场，才使磁针受到影响。就是说，电能生磁。

　　那么，反过来磁能不能生电呢？法拉第又精心地进行了艰苦的实验，终于发现：当导体在磁场中运动时，导体会因磁场的变化而感应产生电流，这就叫电磁感应。

富于想象的法拉第还形象地用电力线和磁力线来描绘那看不见的电场与磁场。

可是，现代的科学不能满足于丰富的观察和生动的比喻，还应当上升为定量的理论。麦克斯韦做了这个工作，他用数学公式把法拉第等人的成果表达了出来。不仅如此，他还根据现实中的矛盾做了两个推广。首先，他指出不仅电荷流动形成的电流能产生磁场，而且在交流电路的电容器中，它的两个极板之间没有电荷流动，但是它的周围也同样能产生磁场，即变化的电场也能产生磁场，或者说变化的电场具有同导线传导的电流一样的功能，所以他也为它取了一个电流的名字，叫位移电流。其次，他认为变化的磁场不仅在导体中能感应出电动势，即使在没有导体的空间也同样感应。也就是说他把法拉第电磁感应定

奥斯特

法拉第

律推广到了无导体的空间。即变化的磁场在任何空间都能产生电场。

这一切的数学形式，就是有名的麦克斯韦方程组。这个方程组不但把两千年来人们在电磁学上的一切成就都概括成了一个统一的电磁理论体系，而且，方程本身还是那样的简练、那样的对称，甚至可以说是那样的优美。即使到了今天，人们还要为之赞叹，而且还很难找到另外的数学物理方程在这点上能与它媲美。

更重要的是，就在解释这组优美的方程之际，一个更为优美的新事物

诞生了,这就是电磁波!

　　你看,变化的电场在它的附近产生变化的磁场,变化的磁场再在它的附近产生变化的电场,变化的电场又在它的附近产生变化的磁场,如此循环,岂不是这交变的电磁场就波动着越走越远了么? 于是,麦克斯韦断定:有电磁辐射存在。这就是电磁波,简称为电波。

　　麦克斯韦还根据他的方程推导出了电波的速度,结果与当时测定的光速完全一致,于是他进一步断言,光就是电磁波! 这个结论在今天看来是这样的自然,而在当时这却是一个划时代的论断。它敲响了"以太"说的丧钟,使电磁理论完全走上了科学的轨道。

春的信息　这是创建之初的卡文迪许实验室。麦克斯韦就是在这里预言了电磁波,向全世界发出了"春的信息"。

　　神奇的电波就这样神奇地推演出来了。它不是首先产生于实验,而是首先产生于预言。

　　遗憾的是,麦克斯韦没有能看到他伟大的科学预言的实现,就与世长辞了。他在剑桥的卡文迪许实验室抱病写成的巨著《电学与磁学》，成了为电波科学报春的诗篇。

春 的 火 花

在科学上是没有平坦的大道可走的，在电波科学的征途中也同样充满了艰辛。麦克斯韦去世以后，卡文迪许实验室的第二任主任是雷利，而后是汤姆逊、卢瑟福……这些继承者继承的只是他的职位，而不是他的电波研究事业。这些人，虽然同样都是卓越的科学家，虽然他们都有着充分的条件沿着麦克斯韦的足迹前进，可是，他们的兴趣却不在于波，而在物质的另一种属性——粒子。他们想探索的是那原子内部的奥秘。

于是，麦克斯韦的学说遇到了问题：它到底真是一个春的信息呢？还是一段虚无缥缈的梦呓？要解决这个问题只有靠实践，这就必须在实验室里产生出这个电波，并用可靠的方法证明它真的产生了。可是冬去春来，年复一年，岁月流逝，人们没有探测到这种神秘的电波，人们开始疑虑起来。

难道麦克斯韦的科学预言就这样湮没了？不，还有不少人在顽强地探索着。特别值得提出的是在英吉利海峡对面的一个年轻人。他就是杰出的德国青年物理学家海因利希·赫兹。

1887 年的一天，在一间暗室里，进行了一次在现在看来并不复杂的实验。赫兹把两个隔开一个间隙的金属小球接上高压交流电，当劈劈啪啪的电火花产生之后，他背过脸来观察另一张桌子上

赫兹

的一个金属圆环。这个圆环并没有封口,而是留有一个可以调节的缝隙。当他以紧张的心情,轻轻地转动螺丝,使缝隙越来越小之时,一个人们期待了多年的现象发生了:微小但却是真切的电火花越过了缝隙!看啊,这证明能量越过了空间,由火花发生器传到了圆环探测器。这就是人类有史以来第一次有意识地探测到了无线电波存在的情景。在麦克斯韦预言23年之后,它终于奇迹般地出现在赫兹的眼前,这不是简单的一闪,而是一个报春的火花,是科学真理闪耀出的光辉。

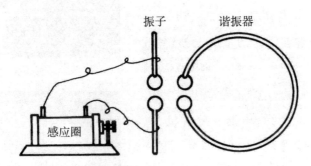

春的火花　这是赫兹试验的示意图。赫兹就是用这种看起来原始、却是空前的装置,产生的"春的火花",证实了电磁波的存在。

可是,与麦克斯韦相反,赫兹却不是一个预言家。他以大无畏的精神,完成了这项长期使科学家们为难的实验,却没有看到应用他亲手产生的电波的诱人前景。当他的朋友古别尔工程师问到利用电波进行通信的可能性时,他却令人遗憾地写道:"若要利用电磁波进行无线通信,非有一面和欧洲大陆面积差不多大的巨型反射镜才行。"就这样,赫兹在证明了别人的预言是真理之后,却对自己的成果下了一个荒谬的结论。

虽然赫兹没有沿发射和接收电波的路继续走下去,但是"赫兹电波"的闪光,却照亮了另一批年轻人攀登的途程,其中就有28岁的俄国青年教师波波夫和年方二十的意大利青年马可尼。他们分别进行了长期艰苦的研究,终于在8年之后,于1895年使无线通信的奇迹降临人间。从此,电波的春天开始了!

1897年马可尼在英国建立了世界上第一家无线电器材公司——英国

马可尼公司，1898 年，电波已能跨越英吉利海峡。到了 1901 年，无线电报已能发射到大西洋彼岸。1906 年底，人类就第一次听到了从一台无线电接收机里传出的话音和音乐，无线电广播诞生了！……

如今，何处没有电波的身影？电波在春天的田野里除草、灭虫、耕耘；电波在充满着青春活力的工厂、实验室里操纵、控制、计算；电波在学校里帮助培育祖国的花朵；电波在医院里帮助人们恢复青春的活力；电波从收音机、电视机里为每个家庭送来了喜悦；电波在陆地、天空、海洋守卫着祖国的壮丽河山……

年轻的朋友们啊，你火热且青春的心，在这科学的春天里，难道没有感到这电波所掀起的春的激流？你难道不想驾驭着电波，来装点伟大社会主义祖国这美好的春天？！

波波夫

马可尼

（原载《知识就是力量》1981 年第 2 期）

信息社会的基石

　　信息社会,这不是一个社会制度的提法,而是对社会状态,即社会生产和生活的技术状态的描述。在这种状态下,社会的政治、经济、科学、文化、教育、军事和生活各个领域都日益依赖于信息的产生、加工和流通。当今世界上一个倾向性的意见是:一场新的技术革命正在兴起,它将使人类社会进入高度信息化的状态。而支撑信息化的基石则是:通信、计算机和控制。它们的有机结合与相互渗透,使人类生产与生活的面貌为之一新。由于它们的英文词头都是 C,故又有"3C"之称。

命　脉

　　通信的关键作用就是可以把人、财、物的运输转换成信息的传输。从而节约了人力和时间,减轻了对能源和交通的压力,提高了国民经济各部门的劳动生产率,加速了资金的周转和商品的流通,带来了巨大的经济效益,促进了物质文明的建设。同时,方便了思想的交流、文化的传播、教育的普及、政策和法制的宣传,提高了新闻和情报资料的传送效率,丰富了人们的文娱生活,从而极大地促进了精神文明的建设。在信息社会中,人们通过密如蛛网的通信网络(包括有线和无线),传送各种信息(包括符号、文字、数据、图表、静止的画面和活动的图像等各种信息),将是社会活动的重要手段和基本形式。通信成了社会的命脉。

讲到通信，人们可以想到书信、驿道、烽火台、旗语和机械信标传送塔等。但真正改变人类生产和生活面貌的则是将电用于通信，这就是电信。在电信的发展中经过了几个重大的里程碑：第一是1837年有线电报的发明；第二是1876年有线电话的诞生；第三是1895年无线电通信的问世；第四是1960年以来卫星通信和激光通信的发展。细如发丝的光导纤维，可以传送上百万路电话、上千路彩色电视，材料来源丰富而又不怕电磁干扰，是理想的有线通信方式。而卫星通信则把全球有效地联系在一起，甚至使无处不可通信的手表式微型个人电台的利用成为可能。

时尚的手机　30年前我写这篇文章时，"手机"这个词还未出现。30年后的今天，它成了大多数人的"最爱"。人们追求的目标，已经不仅是通通话、发个短信，而是要随手可以拍照、到处可看视频，既闻其声、又见其人了。

在信息社会里，通信的基本特点和发展趋势是：图像化、数字化和智能化。既闻其声，又见其人，既传文字又传图像的绘声绘色的图像通信将是人类的主要通信方式；数字信号将全面取代模拟信号成为通信的主角；计算机用于通信系统将使通信具备多种功能，更加灵活地适应人类生产和生活的各种需要。

电　脑

　　如今，把电子计算机称为电脑，已经不是新鲜事了。因为它的作用已经从提高人类进行数值计算的速度和效率，扩展到能够进行非数值化的事务处理和文字处理，进而扩展到越来越多地模拟和代替人脑的思维。如今人们正努力发展的所谓第五代计算机就是这种能代替人脑思维的人工智能计算机。

　　在信息社会中，电子计算机是信息的"仓库"和"加工厂"。它大量地存储各种信息，并按照人类的需要对它们进行加工、处理。

　　与通信的发展相似，人类用来帮助计算的工具也经过漫长的非电发展阶段。从人们所熟悉的算盘、计算尺、机械计算机，发展到 1946 年第一台电子数字计算机"埃尼阿克"（它是电子数字积分和计算机英文词头的缩写 ENIAC 的译音）问世，经过了漫长的岁月。按人们习惯的说法，它已经过四代更新：电子管计算机，晶体管计算机，中、小规模集成电路计算机和日前正发展的大规模、超大规模集成电路计算机。而进入第四代的标志就是 1971 年微处理器的问世。用它才使价廉物美的微型计算机变为现实。而正是这些微型电脑在生产和生活中广为应用，才使社会的技术面貌为之一新，从而加快了信息化的进程。

时髦的电脑　30 年前我写这篇文章时，个人电脑还是个稀罕、笨重的物品。30 年后的今天，它已成了随身携带的"宠物"。人们追求的目标，已经不仅是将它放在桌上存储资料、加工数据、共享资源、上网冲浪，而是要靠着它购物、带着它办公了。

控　　制

　　有人把"3C"的关系与人做了比拟,即计算机是大脑,控制系统则是感官和四肢。在电子计算机出现之前,各行各业中的机械设备只是人手的延长。那时的"自动化"不过是机器自动化代替人的体力劳动的一种手段。而只有电子计算机与机器的结合才使真正的自动化得以实现。自动控制系统的控制过程,实际上就是信息的收集、分析、处理、反馈过程的综合。即由传感器收集信息再由计算机对信息进行分析,并拟订出动作的方案和程序,通过伺服机构控制执行单元动作,再将动作的反应即误差信息反馈回去以便修正,直到准确完成任务为止。

　　在信息社会里,以控制系统中流通的信息日益增多为特征。

　　计算机应用于工厂,产生了计算机辅助设计(CAD)、计算机辅助制造(CAM),产生了程控机床和各种灵巧的机器。然而最大的变化则是所谓柔性制造系统(FMS)的出现和机器人的应用。在柔性制造系统中,利用改变计算机的程序,就可迅速地改变产品的类型,从而使产品更加灵活多样,以适应不同的要求和提高竞争能力。

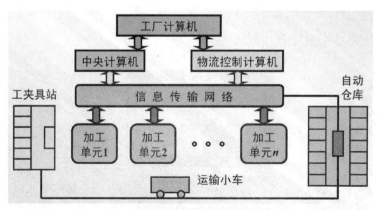

柔性制造系统的构成

在一些危险、有害、高强度、高精度的场所，人们曾用机械手来代替人。微电脑的问世，使给机械手装上大脑成为现实，于是出现了机器人。虽然在微电脑出现之前，人们也制造过所谓自动拟人机或其他程控自动机，但它们很难说像"人"。今天大多数工业机器人，其外貌也并不像玩具机器人那样的"人"。不过，微电脑的出现使它们区别于过去的自动机器，它们的"人工智能"使它们具有通用性和经常改变制造工作的能力。随着技术革命的进展，人们正在赋予机器人更逼近人的视觉、听觉、触觉、嗅觉，有人在给它们研制敏感的"人造皮肤"，还有人在为它们增设各种人类所缺乏的传感能力，例如红外、紫外、辐射、超声等传感能力。其实质还是在信息化上下功夫，使它们能收集更多的信息。

机器人举例　德国库卡公司生产的焊接机器人。

知　识

信息社会的基石是"3C"。那么，"3C"的基础是什么呢？是知识。信息社会说到头就是个知识密集的社会。丰富的知识是创造的源泉，新型的计算机系统、通信系统和控制系统都要靠知识去创造。一块块以平方毫米为单位的硅片上要集中成十万、成百万的电子元件，这真是智慧的结晶。

而生产它的微电子技术,则是知识密集型产业的典型代表。从一定意义上来说,信息就是物质化了的知识,而知识则是精神化了的信息。"3C"将人们从繁重的体力劳动和部分脑力劳动中解放出来,而投身到信息的创造、处理和分配中去。在信息社会中人类正是以自己知识的增长,来换取信息的增长,从而达到人类财富的增长。

在我们迎接新的技术革命,研究我们的对策的时候,最重要的就是要学习新的知识,运用新的知识。

众多的渠道、丰富的信息、灵活的手段、刻苦地学习。
学习新知识、运用新知识、共圆中国梦、创新出成绩。

(原载《国际新技术》1984 年 3 月)

青春的事业

　　读者朋友，你可曾知道1983年有一个新奇的名称："世界通信年。"这是联合国举办的第一个技术性世界年活动。其目的在于提供一个宣传通信的作用、普及通信科学知识、回顾与检查各国通信政策的机会，以便引起各国对通信的重视，促进通信事业的发展。联合国为此酝酿、筹备了5年，成立了"世界通信年"国际协调委员会和秘书处；筹集了"世界通信年特别基金"；颁布了"世界通信年年徽"；并要求各会员国成立国家协调委员会。还安排了一系列的世界性活动：举办"世界电信展览会"和"电信电子书刊博览会"；召开"世界电信讨论会"；举办"金色的天线"电信电影节；开展"电子时代的青年"摄影绘画竞赛和展览；组织"世界电信日"活动；出版世界通信年专刊和资料手册；为发展中国家援办38个通信建设项目；专门摄制三部有关电信的历史、为人类服务和对国民经济的影响的电影；召开各国通信主管部长会议；颁发"电联纪念奖"及其他奖金和荣誉称号。还要求各区域、各国组织类似的活动。我国也经国务院批准成立了"世界通信年中国委员会"，不仅将组织有关部门参加国际性活动，还将在国内组织各种活动，包括召开会议、举办展览、出版专刊等等。为了配合这一活动，特写一组短文。希望读者树立这样的信念：

　　通信是一项青春的事业，值得为它献出壮丽的青春。

神奇的跑道

历史的功勋

在教科书中,对电波的讨论,往往是从公元前的摩擦生电说起。但电波真正为人类的生产和生活服务,应该说是从把电波用于通信开始,这就是电信。电信的发展史,就是利用电磁波的各种特性,研制各种电子设备,使通信的距离不断扩大、业务类型不断增加、容量不断增多、质量不断提高的历史。这个历史是从有线电报开始的。那细长的电线就像一条条跑道,让电波运载着珍贵的信息沿着它们奔向四方。因此,在谈到通信的时候,千万不要忘了这些神奇的跑道的功勋。

在 1837 年,美国的肖像画家莫尔斯在他的合伙人维尔的帮助下,制成了世界上第一台实用电报机并发明了莫尔斯电码。在此之前的两千年来,都是

维尔(Alfred Vial)

莫尔斯(Samuel Morse)的自画像

有线电报的发明人

电信技术的孕育时间。而莫尔斯有线电报机既是电信技术的"长子"，又是实用电信设备的"老祖宗"。人类的第一封电报就是1844年5月24日，莫尔斯用他们自制的设备，从华盛顿发给在巴尔的摩的维尔的。这条世界上第一条电信线路长64千米。第一份电报的报文是："上帝创造了何等的奇迹。"这既代表了发明者的兴奋心情，又说明当时人们对这一切还并不十分理解。

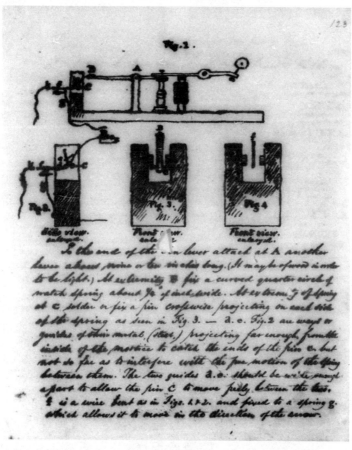

电信设备的"老祖宗"肖像画　这是美国国会图书馆收藏的莫尔斯1854年的手稿，上面画的是他的电报机草图。

所以，电报机出现以后的几十年中，电信事业的发展也还相当缓慢，直到1870年也只不过有8条电报线路。因为它本身需要改进，人们也还有一个认识的过程。1876年，电信的历史揭开了新的一页，电话发明了。当年 6 月 2 日美国人贝尔对着他自制的世界上第一代电话机向他的助手沃森喊道："沃森先生，快来，我需要你！"这就是人类打的第一个电话。而第一条长途电话线路则是两年之后才在波士顿和纽约之间建成，长 300 千米。

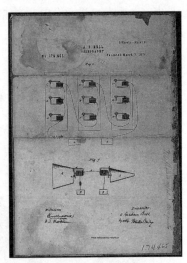

贝尔（Alexander G. Bell）和他的电话专利文件

　　有线电话比有线电报具有更大的吸引力，所以它的发展比电报快，5 年之后仅美国就已装了约 5 万部。而当时电报机的数量却只有它的 1/10。100 年后的今天（注：本文中所说的"今天"均指 1983 年写本文之时），世界上接入公众电话网的话机已超过 6 亿部，而电话占通信业务量的 90% 以上，成为电信的主要手段了。新中国成立 30 多年来，我国电信事业有极大的发展，到 1981 年底长途电话电路已有 23900 条，电报电路 8800 条，全国 95% 的乡、58% 的村都通了电话，为人民的生产和生活做出了贡献。

窄道变坦途

　　当然，如今的有线通信已今非昔比，"鸟枪换炮"了。想当初，长长的一对架空明线上只传送一个电话。后来，发展了载波原理，使得一对线上可以通多路电话。载波的实质就是频率"搬家"。人们在打电话时，是用送话器把声音变成电信号，经电线送向对方，再用受话器把电信号还原成声音。

人们讲话的声音有高低强弱，但测量表明其频率成分都差不多，一般认为在 300 赫到 3400 赫之间。如果大家都用这段频率，在线路上就会互相干扰，谁也听不清。很自然就会想到，如果把许多人讲话的电信号在频段上分开，各占一段，就会互不干扰了。这就需要把话音频率"搬家"。音频已经是在频谱的最低部分了，要搬当然是往更高的频段上搬，"搬家"的手段就是载波，即用一个更高频率的波来运载音频信号。例如，有 3 个人，各人的话音频段都在 4 千赫以内，利用三个不同频率的高频载波就可以把它们分别搬到 12 千赫～16 千赫、16 千赫～20、20 千赫～24 千赫的频段上，这样在 12 千赫～24 千赫的范围内就安排了 3 个话路。于是，3 个人的信号在线路上传送时就各走各的、互不干扰了。传到对方后，再从载波上"搬"下来，分别送到各自的通话对象那里去。完成这个任务的设备叫载波机。这就是 3 路载波电话。用这种办法，一对架空明线上可以传 3 路或 12 路电话。上面讲了单个"搬家"，实用中还用了集体"搬家"。这就像军队的编组一样，可以三人为一组，三组为一班，三班为一排……在载波电话里与此类似，三个话路编成一个"组"，叫作"前群"；再把这样四个"组"分别集体"搬"一次，成一个"班"，叫作"基群"，再把这样五个"班"分别集体"搬"一次，成了一个"排"，叫作"超群"；五个超群又"搬"成一个"主群"；三个主群再"搬"成一个"超主群"。这样搬来搬去频率越"搬"越高，路数也越"搬"越多了，例如，一个基群可传 12 路，一个超主群则可传 900 路电话。

在有线通信中，除沿途埋电线杆的那种架空明线外，还广泛地用通信电缆。通信电缆又有对称电缆和同轴电缆之分。对称电缆是用两根粗细相同的铜制芯线，各自包上绝缘层后，两根芯线互相扭绞，再外套一层铅皮或铝皮以保护芯线并作电屏蔽。也有用两对（四根）芯线扭绞在一起后再包外层金属皮的结构，称为"四线组"。四根芯线排列在正方形的四个角上，同一对角线上的两根组成一对，每对对称电缆可以传 60 个或 120 个话路。用作长途通信的对称电缆还常把 3 个、7 个四线组放在一起，外加金属护套，组成一个大的电缆。

更大容量的载波线路是使用同轴电缆,它里面装的是一些同轴管。这种同轴管则是由一根圆形硬铜线(叫作内导体),外面套一根圆形铜管(叫作外导体),两者轴线重合,故称"同轴"。内、外导体间用绝缘物隔开。目前,国际上同轴管已有标准尺寸,一种叫"小同轴",内、外导体尺寸是1.2毫米和4.4毫米,两根同轴管就构成一个一来一回的通信回路,它最多可传2700路电话。另一种叫"中同轴",内、外导体尺寸是2.6毫米和9.5毫米,目前它最多能传10800路电话。更大的同轴管尺寸国际上尚未统一。目前用小同轴管构成的同轴电缆做到有1～48根小同轴管;用中同轴管构成的同轴电缆则做到有1～22根中同轴管。它们已成了长途载波通信的主力。实用中还有把同轴管和对称线装在一起的电缆,叫"综合同轴电缆"。我国已建成的京、沪、杭1800路载波通信系统用的就是一种综合同轴电缆。

通信电缆

同轴电缆

除了传电话之外,一个电话话路可以传16路或24路载波电话,一路真迹传真只占用一个话路,用来传《人民日报》版型的报纸传真机也只占用60个话路,5分多钟传完;一路既可听声、又可见人的电视电话用300个话路即可传输。所以,有了这些神奇的跑道,就使窄道变坦途了。

电缆,既可架空,又可埋地,还可设入水中,跨海越洋。世界上首次洲际间的通信,就是利用海底电缆实现的。早在1871年我国上海与日本的长崎之间就已建立了海底电缆。100年后,1976年10月又架设了新的海缆，从上海的南汇至长崎县的天草苓北之间，全长 850 千米。现在世界上已有 100 多个海缆系统在工作。

铺设海缆

希 望 之 光

激光的出现，为新"跑道"的铺设开辟了道路。激光成了现代有线通信的希望之光，而细如发丝的光导纤维成了"巨型跑道"。一对光纤居然能传上百万路电话、上千路彩色电视，这是多么诱人的前景！

要想电线上传的话路多，就得载波频率高，光也是一种电磁波，可见光的频率为 400000 ~ 800000 吉赫（1 吉赫等于 1 千兆赫，1 兆赫等于 100 万赫）。这样宽的频率范围如果都用来折算成 4 千赫宽的电话话路，那就是 100000000000 路电话，比全世界人口还多两个数量级！所以，用光作载波能使有线通信根本改观，要使这种通信潜力变为现实，必须解决两个问题：一是光源，二是"跑道"（即传光的导线）。对光源的要求是：频谱纯、方向性好、亮度高，激光正是理想的光源。而传光的导线，由于它细如纤维，故叫光导纤维，简称光纤。它通常是用透明性极好的玻璃纤维，有时也用特殊的塑料纤维。对光纤的要求可归纳为四个字，软、省、匀、纯。"软"就是要韧性好，否则易断；"省"就是沿线损耗小，否则传不远、不实用；"匀"就是要寸尺、密度等都很均匀,否则传输特性差;"纯"是材料要纯度极高。这些要求目前已基本实现。目前,光纤已开始投入实用。实用中把多股光纤与加强芯线绞合后再加保护层制成光缆。首先用于短途市话,继而作长途,也正在计划用作海缆。为了推广应用,国际上已在为光纤通信制定标准。美国、英国、法国、加拿大等国都已决定今后主要建光缆线路。而我国已在京、汉、沪、宁等地的市话、专线及电视传输中试用,并正在计划用作长途。可以断言,光缆必将成为有线通信的主角,为发展人类的电信事业做出特别巨大的贡献。(注:本文写于1983年。)

高锟 因发明光纤而荣获 2009 年诺贝尔物理学奖,被誉为"光纤之父"。

光纤

光缆

千 里 征 途

崭新的物质

　　船沿江而下，车顺路而行，电也要沿着神奇的跑道前进。随着有线通信的出现和发展，人们已经对这个结论开始习惯。以至在将近半个世纪的岁月中，人们致力于电磁学的研究，致力于有线通信的改进和线路的建设，而没有意识到电将摆脱电线的束缚，飞向辽阔的空间，把人类带进无线通信的新时代。

　　在电子技术的历史上，人们把发现电磁波归功于英国人麦克斯韦，是他预言了电磁波的存在，并指出了光就是电磁波的一部分。第一个用实验方法产生无线电波的是德国人赫兹。为了纪念他，人们把电波的频率单位命名为"赫兹"。

可是，就连这两位与电波的历史如此密切相关的科学巨匠，也同当时许多电学家一样并未预见到无线通信将会蓬勃地发展。而真正对此起了划时代作用的人，却是一批当时并不出名的年轻人，其中就有今天人们已熟知的俄国人波波夫和英国人马可尼。人们公认，是他们于 1895 年使无线通信的奇迹降临人间。然而当时却只能进行无线电报通信，十年以后，由于真空三极管的发明，才为无线电话、无线电广播开辟了道路。

世界因他们而更加精彩　福雷斯特（Lee De Forest，右）和肖克利（William B. Shockley，左），他们是 20 世纪的两位科学巨人、信息技术的里程碑式的人物。正是福雷斯特发明的真空三极管（请看，他左手拿着的正是），才有 20 世纪前 60 年无线电电子技术的蓬勃发展；正是肖克利发明的晶体管（请看，他右手拿着的正是晶体管），才有今天微电子技术的突飞猛进。人们赞扬波波夫和马可尼开创了无线电应用的历史，人们更应加倍地赞扬福雷斯特和肖克利。因为，如果电信号不能放大和处理，如果微电子技术不能发展，我们绝对看不到今天这样丰富的信息技术成果，享受不到信息技术带来的高度文明。

今天，当你坐在家里的电视机前看着异国他乡举行的球赛的时候，当你在办公室里向纽约、东京、巴黎、伦敦打着电话的时候，当你看到从遥远的宇宙飞船上拍摄发回地球的土星、木星的"肖像"的时候，你能够不为现代无线通信事业的伟大成就而欢呼吗？

期盼　你看，这像不像一个"人"在引颈期盼？盼什么？盼望远方"寄"来的珍贵信息。"深空网"就是用来与人类"派"往太空的使者（宇宙飞船）联络的网。这是美国加州金石市的一座深空网站。它日日夜夜仰望着那深邃的天边，等待着天外"游子"用无线电波传来的珍贵信息。目前，人类派向宇宙、飞得最远的使者就是"旅行者1号"飞船，它已飞出太阳系，进入星际空间。根据美国航空航天局的简报，2014年1月15日，这个"游子"已离地球19038019000千米。据专家估计，它的同位素电池还可以为它供电至2025年，在这之前它还可以将它的天外游记传回地球老家，再往后它就只能在银河系中孤独地流浪了。

然而，构成这一切事物的基础，却是对一种崭新的物质的认识。这种物质就是电磁场。而交变着的电磁场就是电磁波。

人们看惯了各种实物：铁块、木材、棉花……熟悉了物质的常见三态：

固态、液态和气态。但对于电磁波这种物质却十分陌生。这是因为它与人们日常见到的物质相差太大。首先它看不见、摸不着、嗅不到，不能像铁块、棉花、水那样可以掂掂它们的分量，估估它们的体积。但只要你一打开收音机，就可证明它的确存在。其次，任何放了一种实物的地方，不可能再放另一种实物。而电磁波却不如此"霸道"，各种电磁波可以待在同一空间，这便是收音机放在那里不动，只要转动调谐旋钮，就可以收到不同电台播放的节目的原因。科学的实验已经证明：电磁波是一种高速运动着的物质，它除了有上述特殊的性质外，也与其他物质一样，具有能量、动量和质量。在电子科学的历史上，关于电磁波的物质性的认识，也是人类认识自然的一次飞跃。

宝贵的资源

在无线通信的发展中，总的趋势是使用的频率越来越高。当然，一开始人们也走了点弯路。这是因为，当初人们发现用来辐射电波的设备（即天线）架设的高度或者说天线的长度，如果甚小于它所辐射的电波的波长，电波的最大辐射方向就是沿着地面，人们称之为地表面波（简称地波）。大家知道，根据波长的长短，我们把无线电波划分为长波、中波、短波和微波。长波的频率为 30 千赫～300 千赫、波长为 10000～1000 米；中波的频率为 300 千赫～3000 千赫、波长为 1000～100 米；短波的频率为 3 千赫～30 兆赫（1 兆赫=1000 千赫）、波长为 100～10 米。所以在长波和中波段，天线总是甚小于波长（短波段稍好一点），也就是说它们是辐射地波。而地波沿地表面传输会逐渐被地面所吸收（就像水沿地面流，边流边被吸收一样），频率越高吸收越大。因此，要想地波传输得远，使用波长不能短。这就使得在无线通信发展的初期，使用的波长有越来越长（即频率越来越低）的趋势。但是，后来，业余无线电爱好者们发现了短波利用电离层反射可以用小功率传输远距离。这使得专业无线电通信开始向短波进军。而这一发现成了无线电通信史上一大佳话。

向更高的频段发展还有着一个更大的好处。那就是可以容纳更多的电台,可以传输更大的信息量。比如长波,它一共只有270千赫的频段宽度,如果一个电台的信号占10千赫,则只能容纳27个电台,这当然是太少了。而微波却宽得惊人。所以,人们通常还把它细分为米波(1～10米或30兆赫～300兆赫),分米波(1～10分米或300兆赫～3000兆赫),厘米波(1～10厘米或3吉赫～30吉赫,1吉赫=1000兆赫),毫米波(1～10毫米或30吉赫～300吉赫),亚毫米波(0.1～1毫米或300吉赫～3000吉赫)。就以厘米波段而言吧,它的频段宽度竟是长波的1万倍。这就使得采用质量更好但所占频带较宽的信号调制方式成为可能。同时,研究表明,信息传输容量又与带宽成比例。这样使用更高频段的优越性就突显出来了。所以,从这个意义上说,电信事业的发展史就是向更高频段进军的历史。这个历史还远远没有完结。目前人们掌握得较好的只是从长波到厘米波这一段,对于毫米波、亚毫米波通信技术正处于开发之中,而激光所使用的频段则更高。为了表明波段的利用情况,人们画出电磁频谱图,这个图中绝大部分还是人类未加利用的部分。有人做了一个形象的比喻:如果把目前已经利用的那部分频谱画得像一本32开书的一页那样宽,那么,还没有利用的那部分就要画在长度等于地球到太阳距离100倍的一张纸上。而从理论上讲,所能传输的信息量则是同这样的天文数字成比例的。这是一项多么富饶的自然资源啊!

对于电磁频谱的资源性的认识,这几年来人们提得越来越明确了,这也是人类认识自然历史上的一大进步。它促使人们意识到:必须在开发新

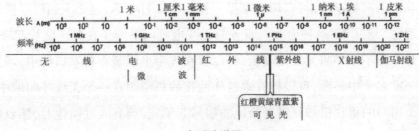

电磁波谱图

资源、向新频段进军的同时,提高技术比较成熟的这段频谱的利用率。从这个意义上来说,电信的历史也是探索更有效地利用这段有限的频谱资源的历史。

美好的现实

无线通信最突出的优点就在于它"无线"。这样,运动物体之间的通信才有了可能。试想想,那漂洋过海的舰船,那刺破长空的战鹰,那风驰电掣的车辆如何与之联络? 更不用说,那洲际导弹、卫星飞船如何控制驾驭和传输信息了。无线通信,把人类千百年来的幻想变成了美好的现实。以至于要想在短短的几页纸中详加描绘都不可能,下面只是挂一漏万地从几个侧面来看看。

在无线通信发展的历史中,占统治地位的用户就是各国的军队。就以移动通信而言,不仅飞机、坦克、自行火炮、舰艇、吉普车等等装有无线电台,而且还配备专门的通信车。在连、排、班这样的小分队还有所谓"步话机",它是一种便携式无线电台。更有甚者,有的钢盔上还装一种特制的超短波电台(钢盔电台),可供战士在 1~2 千米范围内通信之用。

然而,近年来移动通信在民用方面发展得很快。这里所说的"民用"并不是单纯指那些集体单位的应用,诸如公安、消防、出租汽车、送货车队、渔船、商船、客轮、民航,矿山、地质、交通、航运、油田、港口、施工现场……国民经济的各部门为了工作的需要,自然要发展它们的无线通信手段。我们强调的是个人用无线通信设备的增长,在小汽车上装电话,利用无线信道与市话网相连接,可以像在家里一样给朋友打电话,这是人们已经熟知的现实。这几年,一种为个人服务的无线电呼叫系统正在各国流行起来。它是一个小型呼叫无线接收机,可以挂在皮带上或装在衬衣口袋中,通过一个或多个中心台,可以把许多这样的接收机组织在一个无线呼叫网中,每个用户的接收机却只对发给他的信号起反应,当有人呼叫他时,接收机会发出特定的声音(例如"嘟嘟"声)或振动,提醒用户。于是他就可以找就近的电话与中心台值班员联系，了解要通知他的事或告知呼叫人，以便直接通话。由于这种系统是利用类似铃声来呼叫用户，故又有无线呼叫铃或无线袖珍铃之称。它的英文名字的译音是"拍惊"，这正好可以解释为：利用拍发的专用信号来提醒用户。进一步的发展是用不同的声调或代码组合来代表不同的通知内容，再发展那就是人们梦寐以求的无处不可通话的手表式对讲机之类的微型个人电台了，而这一目标的彻底实现，却还需时日。【作者旁白：读者朋友，你难道不为无线电通信的飞速发展而惊叹吗？你看，30年前我写这篇文章的时候，"无线呼叫器"刚刚崭露头角、还远未普及，"手机"这个词更未曾出现。可是现在，手机已变成大多数人的"亲密伙伴"，如果我让你从今以后别打手机，你会是什么感觉？想当初，普通大众根本对个人无线电通信毫无奢求，即使专业工作者的"梦想"也只不过是我在本书中多次提到的"无处不可通话的手表式微型电台"。但短短的30年之后，普通大众手中把玩的已经是智能手机了。它不仅能到处通话，而且图文并茂。通信技术的发展，给了我们多么精彩的生活啊！】

智能手机 据报道，2013年第一季度，全球手机的出货量为3.73亿台，其中智能手机出货量为2.1亿台。若论同期销售量：在全球，三星手机居冠；在美国，苹果手机领先。

当然，无线通信设备绝不只是用于移动通信。不论是军用、还是民用，固定的无线通信台、站还是遍布于世界各地。其中地面微波接力通信则是最为普遍的无线通信手段之一。由于微波的视距传输特性，所以需要每隔四五十千米设一个接力站，像接力赛跑一样把信息一站接一站地传向远方。利用微波宽带宽的优点，可以同时通上千路电话或传输电视。在我国电视发展的初期,由北京传往各大、中城市的电视就是依靠微波接力来完成的。同时,它当时也是长途无线通信的干线。

其他无线通信方式还有:短波单边带通信,对流层(或电离层)散射通信,流星余迹通信,激光通信等等。而广义的微波接力通信则是把接力站搬到天上。于是,有用气球系留接力站的气球通信,有用卫星携带接力站的卫星通信。而后者正是下一篇文章的主题。

正是:

> 有线通信织如网,无线通信布如云。
> 要想全球皆覆盖,万里长空放卫星。

太空传奇

得天独厚

太空,曾引起人们无穷的探索欲望和幻想。自从微波接力通信实现以来,人们就为地面上的接力站受地球曲率的限制而苦恼,每隔四五十千米一个接力站,这距离太短了。能不能再远一些呢?"欲穷千里目,更上一层楼。"人们想到把接力站搬到天上。于是想到了利用气球和飞机。但它们的高度仍然有限。进而又想到利用伴随地球的月亮,可惜它又离地球38万多千米,太远了。速度为每秒30万千米的无线电波,打个来回也得两秒多钟,信号也会变得十分微弱。但是,人们从月亮身上得到了启发,可不可以造一个"人造月亮",使它离地球近一些呢?

可以的,这就是人们如今已家喻户晓的人造地球卫星。1960年8月,美国发射了一颗专门用于通信实验的人造卫星——"回声1号"。它实际上就是一个大反射体,用它来反射电话、电视的信号,即无源接力。这样反射回地面上接收机的信号只有原来发射信号的百亿分之一，真是太弱了。如此通信很不理想。

空间技术、电子技术以及相关技术的发展，使所谓主动（有源）通信卫星成为现实，它实际上就是一个真正的悬在太空的微波接力站。地面站把信号发给它，它收到后，利用由太阳能电池供给电能的转发器，把信号放大，再转发回地面。美国用于欧、美间电信中继的第一颗有源通信卫星是"电星1号"。

"回声1号" 这是美国第一颗无源通信实验卫星。它只是一个没有带转发器的反射体（只有一台供遥测用的、频率为107.9兆赫的信标发射机），用以反射微波信号。其实，它就是一颗直径为30.48米、厚为12.7微米、重180千克的、金属化的聚酯薄膜气球，1960年8月12日，在美国卡拉维拉尔角航天中心，用德尔塔火箭发射进入远地点1684千米、近地点1523千米、倾角47.2度的轨道，用以试验无源反射传输电话和电视信号。试验信号由位于加州的喷气推进实验室发射，经气球反射后由位于新泽西州的贝尔电话实验室接收。这个气球在天上飞了将近8年，于1968年5月24日再入大气层烧毁。此照片是在美国北卡罗来纳州维克斯维尔海军航空站机库测试时拍的。你可别小看这个"气球"实验，它可是人类的"第一次"！所以美国很快就专门为它发行了纪念邮票。

1960 年 12 月 15 日美国为"回声 1 号"发行的纪念邮票

　　月球是围绕着地球转的, 夜升晨落。人造地球卫星也是围绕着地球转的。那么, 如果一个卫星接力站一会儿飞到这里, 一会儿又飞到那里, 这就不大方便。进一步研究发现, 如果这个卫星接力站是设在赤道上空距地面约为 36000 千米的地方, 它就跟地球的自转"同步"。也就是说, 它围地球转一周, 地球也正好自转一圈。这样, 从地球上看去, 它好像是一颗静止不动的"月球"。所以称之为静止卫星。只要在这种"静止"轨道上设三颗静止卫星, 每隔 120° 放一颗, 就可以实现全球的无线通信了。

　　这种卫星通信有许多优点, 概括起来主要是四个字: 远、多、好、活。

　　所谓"远", 是说它的通信距离远, 从 36000 千米的静止卫星上"看"地球, 最大跨度达 18000 多千米, 覆盖的面积比地球的 1/3 还要大。比之四五十千米的地面微波接力站来真是高明多了, 它可实现覆盖地域内的任意两点间的通信。而且省去了接力站跨越高山、大河、沙漠、沼泽的重重困难。

　　所谓"多", 是指通信路数多, 即通信容量大。一个现代的通信卫星带宽可达几十、几百兆赫, 可以提供成千上万的话路。

　　所谓"好", 是指通信质量好, 可靠性高。卫星通信的电波主要是在大气层外的宇宙空间传播, 因而不像地面微波接力那样受气象、地理条件的影响。

　　所谓"活", 是指运用灵活, 适应性强。它不仅能顺利地实现陆上任意点之间的通信(这种陆上站通称卫星通信地面站),而且能实现船与船间、船与岸间的通信(这种卫星通信站称为"卫星通信船站"和"卫星通信岸站"),还可实现飞机或其他空间飞行平台间的通信(这种卫星通信站称为"卫星通信机载站")。大气层中的机载站、船站、岸站、地面站总称为卫星通信地球站,而星上的接力设备称为转发器,整个通信卫星可以称为卫星通信空间站或宇宙站。

　　由上可见,卫星通信真是一种得天独厚的现代通信方式。

飞　速　发　展

　　自从1957年10月4日人类第一颗人造地球卫星上天以来,不过短短的26年,卫星技术得到了飞速发展。其中卫星通信是一个主要的领域。除了用于军事和地区性的卫星通信外,国际上还组成了两大卫星通信集团。一个是以美国等西方国家为主的"国际卫星通信组织",另一个是以苏联等东欧国家为主的"国际卫星组织"。

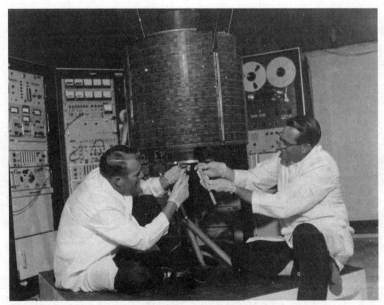

世界第一颗国际通信卫星:晨鸟

　　国际卫星通信组织是 1964 年开始筹建的,开始叫"国际卫星通信临时委员会"。当年 9 月在华盛顿召开了第一次会议。决定造第一个国际通信卫星(INTELSAT—I),次年 4 月发射,取名"晨鸟"(Early Bird),随即用它首先在大西洋地区开始了静止卫星的商用通信业务,揭开了国际卫星通信的序幕。

　　1973 年 2 月正式成立国际卫星通信组织(International Telecommunications Satellite Organization, INTELSAT)。迄今,国际通信卫星已经过四代更新。现在,在天上工作的是第四代半(INTELSAT—ⅣA)和第五代(INTELSAT—Ⅴ)。预计今、明年间第五代半(INTELSAT—ⅤA)亦将交货,而第六代(INTELSAT—Ⅵ)也在筹备,可望在 20 世纪 80 年代中期发射。参加该组织的国家和地区,已由最初的 15 个发展到 120 多个。每颗卫星的话路数,已由"Ⅰ号"的 240 路(双向话路)发展到 6000 路(ⅣA 号),进而还将发展到 12000 路(Ⅴ号),乃至 37000 路(Ⅵ号)。每路话的年平均价格也由"Ⅰ号"的 8 万美元下降到"Ⅴ号"的 800 美元。

INTELSAT 在美国首都华盛顿的总部　1964 年 8 月成立的条约组织,中国于 1977 年 8 月加入。2001 年 7 月改组为私有公司:国际卫星通信公司(简称仍沿用 INTELSAT),有来自 145 个国家的 200 多个股东,成为全球最大、也是领先的卫星通信服务商。现有 28 颗通信卫星在静止轨道运行。在巴西、中国(香港)、法国、德国、印度、新加坡、南非、阿联酋、英国和美国设有办事处。通信业务覆盖了全球 99% 人口稠密地区。

国际通信卫星举例　这是 2012 年 10 月 14 日发射的 Intelsat 23（IS 23）卫星。定位于东经 307°赤道上空，它有 24 个 C 波段圆极化转发器，覆盖美洲和西欧；有 15 个 Ku 波段线极化转发器，覆盖拉丁美洲。设计寿命 15 年。

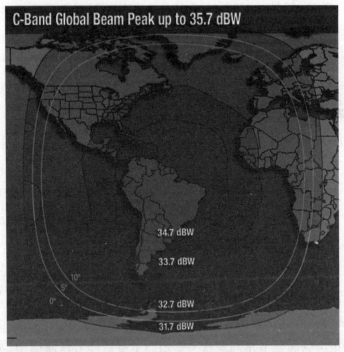

IS 23 卫星覆盖区域举例　这是 IS23 号卫星的覆盖区域之一：C 波段全球波束的覆盖地区图。

国际卫星组织是苏联及其8个盟国于1972年7月成立的。后来越南、南也门、阿富汗也加入,老挝、叙利亚亦准备加入。1978年前一直使用苏联发射的"闪电—Ⅱ"通信卫星,1978年后改用苏联发射的"静止号"通信卫星。

除了这两个大的国际组织之外,为了进行国际海事卫星通信,还于1979年正式成立了国际海事卫星组织(INMARISAT),现有成员国37个。海事卫星通信手段最初是由美国开始的,它使用美国发射的海事通信卫星(MARISAT)。根据协议,从1982年2月1日开始,美国把3颗MARISAT卫星移交给国际海事卫星组织,并利用欧洲空间局的两颗MARECS卫星,还同国际卫星通信组织商定,在它的Ⅴ号卫星上装海事通信分系统。这就确保了全球海事卫星通信网的建立,为远洋航行的舰船间、船岸间的长途通信开辟了广阔的前景,据统计(注:截至1983年。),到1982年年底,已建成的岸站有9个,船站约1500个,预计到1985年底,船站将增加两倍,而到1990年船站将增至15000个。

在全球性系统发展的同时,区域性和国内卫星通信系统也发展极快。例如美国的SATCOM系统、WESTAR系统、COMSAT系统、SBS系统;加拿大的ANIK系统;日本的樱花(CS)系统;印度尼西亚的PALAPA系统;印度的INSAT系统;哥伦比亚的SATCOL系统等。阿拉伯国家也于1976年成立了阿拉伯卫星通信组织,签约国达22个。决定发射通信卫星建立区域性通信。西欧最有名的卫星通信系统是法国和联邦德国合搞的"交响乐卫星系统"。它是一个实验性卫星通信系统,法国、意大利还搞了自己的通信卫星实验。苏联有虹、静止、波浪等系统。

我国自20世纪70年代中期以来卫星通信也有飞速的发展。先是研制了自己的卫星通信地面站,并利用交响乐卫星和国际通信卫星Ⅴ号进行了传播试验和开通试验。加入了国际卫星通信组织和国际海事卫星通信组织,利用国际通信卫星和海事卫星沟通了全球性卫星通信。接着又积极地研制自己的通信卫星,先后研制了4种卫星平台:东方红二号、东方红二号甲、东方红三号、东方红四号 。建立起了我国自己的卫星通信系统，还专门成立了一个"中国卫星通信集团有限公司"，为国内外提供卫星通信服务和研发通信卫星。

"亚太7号"通信卫星升空　2012 年 3 月 31 日 18 时 27 分，中国在西昌卫星发射中心用"长征三号乙"运载火箭，将中国卫星通信集团有限公司的"亚太7号"通信卫星发射升空，并成功定位于赤道上空东经 76.5°地球静止轨道。

"亚太7号"通信卫星　它有 28 个 C 波段线极化转发器，覆盖亚洲、中东、非洲、澳大利亚和欧洲；有 28 个 Ku 波段线极化转发器，覆盖中国、中东、中亚、非洲。

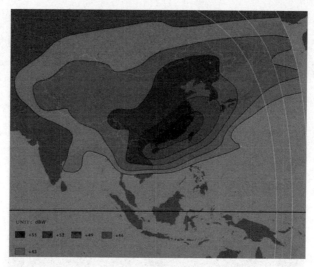

"亚太7号"卫星覆盖区域举例 这是"亚太7号"卫星的覆盖区域之一:Ku波段中国波束的覆盖地区图。

可以毫不夸张地说,卫星通信是现代化通信手段的最杰出的代表。它的出现和发展不仅标志着人类通信进入了一个新阶段,而且为各种信息的传送开辟了极其美好的前景。建造更大的通信卫星,使用更高的电波频率,产生更大的星载功率,利用更为先进的数字技术、多址技术、频率复用技术和波束控制技术将使更为廉价和小型的地面站成为可能。如今,人们在谈论的已经不仅是装在家里的卫星地面站,而是戴在手腕上的卫星通信机了。让我们加倍努力促进这一天的早日到来吧。

未来属于谁

"世界通信年"的活动在10月份达到高潮。世界各国的通信"使节"云集日内瓦,去参加丰富多彩的庆祝活动。我国摄制的科教片《遥感》已送去参加"金色的天线"国际电信电影节,从成千上万幅作品中选出的18幅优秀作品也已送去参加"电子时代的青年"国际青少年摄影绘画竞赛,电子工业部、邮电部等单位送出了反映我国通信成就的展品参加"第四届世界电信展览会"，中国馆的面积约为200平方米，参加"第二届国际电信电子书刊博览会"的书刊也已经过遴选送往日内瓦……

如今，1983年即将结束，"世界通信年"的活动也已进入尾声，人们已经在总结这一年的活动中所取得的成果。而人们想得更多的却是充满着希望的未来：

未来的通信将起什么样的作用？

未来的通信手段将是什么样子？

未来将给从事通信建设的人们提出什么样的课题？

未来将给使用通信设备的人们提供什么样的前景？

关键的作用

在全世界经过"世界通信年"的"洗礼"之后，人们已经不会怀疑"通信"是一个"无孔不入"的概念。互通信息，谁人不需？哪个不要？每一个人都是通信的对象，每一天人们都离不开互通信息。从普通的书信和交谈到利用现代通信的手段进行远隔千万里的信息传递。都属于通信的范畴。古人说"家书抵万金"，说的主要是精神方面的作用。而现代通信则是现代社会生产和生活的神经与命脉。它不仅一般地起着人们交流思想的作用，而且还可节省时间、节约能源、节省交通费用，并给国民经济各个领域带来巨大的收益。美国人说，通信部门提供的国民收入已占10%以上。苏联人说，在电信方面每1卢布的投资，可获得每年节约3卢布的经济效益。日本人说，每1日元的电信投资可增加2.2～2.5日元的社会生产总值。先进的工业国都希望通过电信设施的现代化达到节约能耗40%的目标。有人说，采用现代化的信息技术，可以节省基建投资15%，节省生产费用7%，精简管理人员10%；又有人说，通信可加速资金的周转，如用于国际转账时，只要全年哪怕只缩短1天的周转时间，有人估计就等于增加了约500亿美元的流动资金。国民经济部门如此，在科学界也不例外，有一个流行的说法："信息、能源和材料是现代科学的三大支柱。"科学技术的现代化如果没有信息的获取、加工、存贮、传递和变换，那将是不可想象的。在军事界，人们把注意力集中到一个新词"C³"，它是"指挥""控制""通信"三个词英文词头的缩写。有人形容它是"现代战争的生命线"，是"每一个现代指挥员应当优先考虑的核心问题之一"。当然，这些话应当从技术的角度来理解，试想想，在现代战争中如果指挥不灵、武器失控、通信中断，那将是何等狼狈的局面。

概而言之，通信的关键作用就是可以把人、财、物的运输变成信息的传输，从而节约人力和时间，减轻对能源和交通的压力，提高国民经济各部门的劳动生产率，加速资金的周转和商品的流通，进而带来巨大的经济效益。同时，方便了思想的交流、文化的传播、教育的普及、政策和法制的宣传，丰富了人们的文娱生活，提高了新闻和情报资料的传送效率，从而有力地促进了精神文明的建设。正因如此，我国把加速通信建设作为国民经济发展的战略重点之一。在我们向着 2000 年的宏伟目标冲刺的年代里，通信将起重要的作用。

美妙的前景

近年来，一个新词在世界流行，即"信息化社会"。其定义众说纷纭，其含义广征博引。在这里我们既不必去争论这提法是否确切，也不必去考虑如何表述更为恰当。而是强调一下，这个词之所以会产生，在于社会的政治、经济、科学、文化、军事、生活各个领域都日益依赖于信息的产生、加工和流通。通信的手段早已有之，为什么如今谈起了"信息化"呢？作为传递信息的通信有什么重大的进展来支撑这信息化的社会呢？千头万绪，下面主要谈两个侧面。其一是：图像通信的崛起。其二是：智能化通信的实现。

人们对事物的认识是从感性到理性，每个人都靠自己的眼耳鼻舌身去感知周围的事物，广义而言，它们都是获取信息的工具。在人的感官之中，眼居于首位，用不着多费笔墨人们便可以想象，看得见和看不见之间，该有多么大的差别。一般的电话只能闻其声,一般的电报可以听或看一定的代码,进而可以看文字,成为视觉通信的先导。雷达的荧光屏上显示的是图像信息,但也只是代表飞机或舰船的亮点,传真却更生动一点,进入了图像通信的范畴,在一定的时间内传送一幅幅静止的画面或图表。而电视的应用,才使人类进入既可闻其声,又可观其形的生动境地,眼耳并用,绘声绘色,令人心旷神怡。录像的发展则为健全图像通信的记录手段做出了贡献。

按习惯,常把不是单用耳听,而是可用眼看的通信都列入图像通信范畴,故又有非电话通信业务或视觉通信之称,从这个意义上讲,图像通信可分为两大类。其一是以终端设备彼此间的信息交换为主的"终端—终端型",例如用户传真、电话传真、电视电话、图像电话、电缆电视、会议电视等皆属此列。另一是多台终端设备共享一台中央设备的"中央—终端型",共用天线电视系统、图像应答系统、字符图形信息系统等皆属此列。所有这些装置的共同特点就是用户利用一定的终端设备便可以看到符号、文字、数据、图表、静止的画面和活动的图像。这就为人类的各项社会活动提供了更为逼真、生动、形象和迅速的通信手段。

特别值得强调的是目前在一些工业发达的国家中正在日益推广的一类图像通信系统,它充分地发挥现有电视机的潜力,多工兼容地直接向电视机用户传送字符、图表等信息。

在电视机普遍应用的今天,人们除了用它来收看电视广播、电缆电视外,还用它来放映录像带、电视唱片和进行电子游戏。当图像通信提到日程上来之后,人们必然首先想到利用这个已经深入千家万户的现成终端,以及与之配合的电视广播信道、电缆电视或电话线路。当然为了要显示字符或图表需要给电视机配上简易的键盘和小型数字译码器。目前,流行的系统有两种,一种是单向的,即把文字或图像信息先编成电码,然后把这些码插在电视广播信号的场消隐空余间隔中传送出去,用户通过与电视机的译码器相连的键盘来选择所需信息。这与电视广播类似,用户不可能向广播台随时提出要求。另一种则是双向的或称交互型。它是把各种文字和图像信息(例如重要新闻、统计数字和图表、牌价、影剧广告、天气预报、车船班次、体育比赛结果、电大课程以及其他资料)先存在数据库中,用户可以通过电话线路或电缆电视线路与数据库进行双向通信,以索取所需信息。具体办法是,先查一下类似电话簿一样的本子,该本子上把上述各种信息分门别类地编成索引,查出后按一下键盘上相应的数字键,电视机荧光屏上就会现出该"页"的信息。

智能化是与计算机的应用相联系的,现代化的通信设备如果与计算机相结合,就等于给这个"科学的千里眼、顺风耳"装上了"科学的大脑",使之具有人工智能,从而极大地方便人们的生产和生活。一般通信设备本来只有传递信息的功能,计算机与通信相结合,实质上就是利用计算机存贮和处理信息的能力,使之不只单纯地传递信息,而是通过由计算机组成的通信处理中心和信息处理中心进行各种信息的存贮、交换、查询、检索、提取、加工、指令预置……未来的智能化通信网不仅能使"秀才不出门,便知天下事"的幻想变为现实,而且能使通信终端变成"阅览室""邮局""电子大学""电子秘书""电子保姆""家庭影剧院""购票厅""办公室"……极大地改变人们生产和生活的面貌。这将是多么诱人的前景啊!谁不愿为这一切的实现而奋斗呢?(旁白:你看,30后的今天不正是这样么!)

如果说"世界通信年"的活动,能使从事通信事业的领导、专家和一切工作人员更加意识到自己肩负的重任,能使已经、正在和将要使用通信工具的人们意识到通信是自己朝朝夕夕不可分离的伴侣,能使一切正在安排自己的未来的青少年们意识到通信是值得一干的事业,那么,这个国际年的目的应该说已经达到了。这时候,人们也就不会把"未来属于谁"这个命题看成是有关哲理的探讨,或者有关通信技术的未来的结论,而会意识到这是笔者向千千万万从事通信、使用通信、愿为通信献身的一切人类所提出的咨询和求教。希望大家来回答、来议论、来探讨……

而这篇短文,乃至这组短文只不过是为了抛砖引玉、引起共鸣:

通信是一项青春的事业，
值得为它献出壮丽的青春！

"北斗"升空　2012 年 10 月 25 日，中国在西昌卫星发射中心用"长征三号丙"运载火箭，将第 16 颗北斗导航卫星送入地球静止轨道。北斗卫星导航系统［Beidou（COMPASS）Navigation Satellite System］是中国继卫星通信系统之后，又自主发展、独立运行的全球卫星导航系统，致力于向全球用户提供高质量的定位、导航、授时服务。它由空间段、地面段和用户段三部分组成，空间段包括 5 颗静止轨道卫星和 30 颗非静止轨道卫星，地面段包括主控站、注入站和监测站等若干个地面站，用户段包括北斗用户终端以及与其他卫星导航系统兼容的终端。

北斗卫星导航系统的服务范围 从 2012 年起的服务范围:55°E ~ 180°E, 55°S ~ 55°N。

（原载《知识就是力量》1983 年 9、10、11、12 月）

电子的挑战

Information

地球在转，事物在变，一些议论在世界流传。这个说：世界正面临一场新的产业革命；那个说：人类正建设第三次浪潮的文明……

书报杂志、声像制品，也都在报道新的技术革命。面对如此热闹的现实，怎能不激起人们探索的热情——去研究它的内容，去了解它的背景，去商讨我们的对策，去宣传未来的美景……

这一切，因何而起？

是它：Information。

似曾相见亦相识

果真如此，"Information"这个词，早已有之。其含义不外乎消息、情报、通知等等。可是，在现代技术词典中，它的第一词义却是：信息。这变化貌似平凡，却有着深刻的技术意义。

按说，"信息"这个词，在汉语中也不新鲜。自古以来，人们也没有去严格区分过它和"消息"有多少差别。从字面来看可以说它是：信件中的消息，然而，推敲起来，信件带来的消息也有不同的作用。有的可能已经为收信者所知,有的则并不知或知道得不多。于是,对于前者,人们说:没有得到什么信息,对于后者,人们说:得到不少信息。这样,人们的理解就进了一步,即信件中的消息要能改变收信者的知识状态(从无知变为有知,从知之不多变为知之甚多),才能算信息。当然,这还是人们常识范围内的理解。

真正赋予"信息"这个词以新的生命力的人,则是美国贝尔电话实验室的数学家香农。1948 年,他在《贝尔系统技术杂志》上发表了一篇题为《通信的数学理

信息论之父香农(Claude E. Shannon)

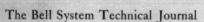

论》的论文。创立了一门新兴的学科:信息论。

在那里,他把这个普通的词汇上升到严密科学的高度。不仅提出了一系列基本概念,而且提出了度量信息量的数学方法。当然,香农只不过是对此做出贡献的一批科学家的代

旷世奇文 这是信息论的奠基论文。它就是香农发表在《贝尔系统技术杂志》1948 年第 27 卷 7 月号第 379–423 页和 10 月号第 623–650 页的《通信的数学理论》。这是其首页(第 379 页)。正是它为信息科学和通信技术的发展指出了一条康庄大道。人们把文中的信道容量公式与爱因斯坦的质能互换公式相提并论。

表。而促使信息论产生的直接动力，则是第二次世界大战期间的电子技术，主要是通信、自动控制和计算技术的飞速发展。

信息论一经产生，就显示了强大的生命力，人们不仅将它广泛地用于电子学，而且还推广应用于物理学、化学、生物学、心理学、管理学等领域中，并取得重大的进展。于是，老词"Information"的历史揭开了新篇章。各行各业的专家们都在研究它对于本专业的含义、地位、作用和影响。

如今，人们围绕着"Information"又引起一场更加广泛而热烈的议论。其渊源在于一些敏感的西方学者提出了颇具"爆炸性"的理论。其中公认的代表人物有三。首先是美国的未来学家阿尔文·托夫勒，他于1980年出版了一本几十万字的著作：《第三次浪潮》。他认为，人类社会已受到了三次浪潮的冲击。他在书中写道：

"农业的兴起，是人类社会发展的头一个转折点。工业革命，是第二次伟大的突破。工业化在第二次世界大战后十年达到顶峰，第三次浪潮开始蜂拥而来。"

他认为："第三次浪潮"会加速信息流动，深刻改变人们赖以行动与处世的信息结构，并建设新的信息领域，而人们将生活在更为丰富的信息环境之中。

在他之后，另一个美国学者约翰·奈斯比特于1982年发表了他的新著：《大趋势·改变我们生活的十个新方向》。在书中他直截了当地断言：美国已"从工业社会发展到信息社会"。而在同年发表的日本学者松田米津的著作，则干脆就取名为《信息社会》了。

于是，曾经只为一些专家学者研究

洞察未来 托夫勒(Alvin Toffler)，无愧于未来学大师的称号！正是他，在20世纪80年代，写出了一本震撼世界的巨著，掀起了一个热议未来的世界性高潮，影响了包括我在内的一代人的思维，预言了我们今天(21世纪20年代)的生产和生活形态。

和探讨的"信息",一下子"席卷"了西方,波及全球,成了20世纪80年代的"热门货"。跟在"信息社会"这个提法之后,又有信息技术、信息工业、信息革命乃至信息爆炸之类种种新鲜提法。这促使我们从技术的角度进行认真的研究与思考。它提醒我们:科学技术的发展正在引起一场新的技术革命,它的核心是信息及其相联系的一切。对于它的理解我们有必要更上一层楼。

更上一层楼

信息,到底是什么? 众说不一。

有人说:"信息就是事物存在的方式或运动的状态以及这些方式、状态的直接或间接的表述。"

有人却说:"信息并非事物本身。而是表征事物,并由事物发出的消息、情报、指令、数据和信号中所包含的内容。"

的确,尽管全世界都在对信息议论纷纷,但至今却还没有一个简明、确切而又统一的定义。不过,人们的认识正在加深,这一天终会很快到来。这里我们先从几个侧面来建立起一些必要的概念。

首先,信息是普遍存在的,它们来自自然界。来自地球的陆地、天空和海洋,来自太阳系、银河系以至浩瀚的宇宙,来自其他生物、其他人……一句话,人类就生活在这个信息的海洋之中。

其次,信息是可以而且需要感知的。试想想,如果只是产生信息,而人又无从感知,有什么用呢? 信息的作用只有在它为人所感知并理解的时候才能发挥出来。从这个意义来说,信息可定义为:人类感官所能直接或间接感知的一切有意义的东西。人的眼耳鼻舌身都能感知事物的信息。当你用手去抚摸物体的时候,当你用舌去尝味道的时候,当你用鼻去嗅气味的时候,你就是在用感官处理和识别信息。但是在人类社会的发展中,人们用来感知信息最多的则是眼和耳。有人估计, 在日常感知的信息中有70%~80%是来自视觉,10%~20%是来自听觉。所以,耳闻目睹,人们便认为可以心悦诚服了。从这个意义出发，又有人说：信息是以代码或模拟的方法所表示的文本、图像、符号和声音。也正是基于此，人们常把语言的形成、文字的发明、记数和记事符号（例如数码和电码）的发明、印刷技术的发明说成是"信息革命"的里程碑。但是，寻求更全面地感知信息的手段，则是人们努力的方向，在这方面正在做出成绩。所谓全景电影就是一例，它可以更充分发挥各感官感知信息的能力，使人受到更充分的艺术感染。现实就是这样：客观存在产生着信息，信息刺激人的感官（直接地通过眼耳鼻舌身去感知，或间接地通过工具、仪表和更复杂的科学手段去观测）。引起人思考和研究，进而激发人去发现、发明和创造。从这个意义来说，人类认识和改造世界的历史，就是在生产和生活中分析、解释、处理和利用这些信息的历史。

再次，信息是一种资源。有人说：信息是除了可再生资源（动、植物）和非再生资源（各种矿产）之外，维持人类活动的第三资源。还有人说：信息、能源和材料是人类赖以生存的三大资源。不论怎么说，对信息的资源性的认识是人类认识的一大进步。既然是资源，就应加以利用，所以又有人把利用信息的多少作为社会进步的标志之一。从古代的结绳记事、羊皮绘图、竹简刻字到今天的电报、电话、录音、录像，就标志着人类利用信息的巨大进展。尤其值得指出的是，信息还具有其他资源所不具备的特性。例如，信息不仅可以再生，而且可以创造。对信息的转抄、复述、传达、重放、转录等都是再生信息的过程。而创作、编导、总结成果、分析情报、编码等则是创造信息的过程。再如，信息不仅可以存储，而且可以扩散和传输。图书馆存书、计算机的存储器存储电信号、人脑记忆、笔记、录音、录像等都是存储信息的过程。而发行书、报、杂志、讲课、讲演、寄信，以及用声、光、电和机械的方法进行通信（包括古代的烽火台狼烟报警、旗语、灯光、击掌为号、擂鼓鸣金，以及今天的有线电、无线电通信，广播、电视等）都是扩散和传输信息的过程。还有，信息可以同时为许多人所分享，可以用一定的方法（例如压缩编码、抽样）进行提炼和压缩等。

在初步了解了信息的这些侧面之后，我们就可以再来介绍一下前面曾经提起过的、如今在国内外广为流传的，由信息所延伸出来的一些概念。

信息技术就是指生产、收集、检测、变换、传输、存储、记录、加工、处理、识别、显示、复制，利用信息的一切人为的手段。而生产、制造这些手段的工业就是信息工业。这些手段的革命性演变（剧变、革新）则称为信息革命。众多的现代信息技术所带来的信息急剧增多，使人不暇接应的现象就形容为信息爆炸。从事信息的生产、加工和流通的行业就称为信息业。当信息业所产生的价值超过其他行业所产生的价值时，当从事信息业的人数超过其他行业的人数时，当大多数人是在处理信息而不是生产产品时，有人就把处于这样的技术状态的社会称为信息化社会或信息社会。由此可见，信息社会不应理解成是一个社会政治制度的提法，而是对社会技术状态的描写。正像人们通常说自动化、电气化一样，人们如今说信息化，正像人们通常说石器时代、铜器时代、电子时代、塑料时代一样，人们如今说信息时代。

信息的历史从古到今，信息的源泉何处不存。谁不曾听过家书的珍贵，谁不曾赞叹过电报、电话的发明。千百年来，人人都在同信息打交道。可是，这几年它为何又如此"时髦"起来了呢？是什么在"作怪"？

我们说，正如30多年前是通信、计算机和控制技术的发展产生了信息论一样。如今又是它们的进一步发展，从量变到质变，引起了一场新的信息革命，这就是电子的挑战。正是：

> 电子科技勤挑战，人类历史谱新篇。
>
> 技术革命新崛起，生产生活大改观。
>
> 万千信息来开路，大显身手是"C"三。*
>
> 欲知其中种种事，请君耐心往下看。

---

　*　通信、计算机、控制三个词的英文词头都是"C"。故有"3C"之称。

Compunication

时间在流逝，生活在前进。在沸腾的 20 世纪 80 年代，世界在注视着什么？

1979 年 9 月，东、西方专家云集巴黎。举行了"信息与社会周"国际会议；日本政府规定：每年十月的第一周为"信息周"；英国 1982 年举办了"英国信息年"活动，美国人把信息工业称为"朝阳工业"，号召投资到朝阳工业中去；法国订了个雄心勃勃的五年振兴计划(1982—1986)，要向信息工业投资 1400 亿法郎；西欧于 1983 年春联合制定了一个十年(1984—1994)"欧洲信息技术研究与发展战略计划"；而联合国则把 1983 年定为"世界通信年"……

是的，信息，这就是 20 世纪 80 年代世界注意的焦点。

可是，这一切，又是谁引起的呢？

是它：Compunication。

似曾相见不相识

谁说不是。"Compunication"这个词，字典中尚无处可查。可是，它却已在世界上流传好几年了。它的头"Compu"是计算机（Computer）的前半截；它的尾"nication"是通信（Communication）的后半截。一句话，是计算机与通信相结合的产物。人们曾经把计算机与通信写为"C&C"或"C²"。初步的理解可以认为："C&C"表示通信与计算机已经结合起来，而"C²"则表示结合后其能力成指数倍增。但有的人还嫌"不过瘾"，认为这两者已密不可分，应创造一个新词来代表了，这就产生了"Compunication"这个词。如何翻译？我看这是个需要语言学家们钻研的问题。

与计算机相比，通信曾经一马当先。关于通信技术的发展，笔者曾为"世界通信年"写过一篇文章《青春的事业》（见前文）这里只从信息化的角度强调几点。

第一，纵观通信的发展，人们习惯于将它分为四个发展阶段。第一阶段是 19 世纪中末期，以有线电报、电话为主的阶段。第二阶段是 20 世纪的前半叶，无线通信（包括广播、电视、雷达、导航等各种用无线电波传递信息的手段）蓬勃发展。这期间的特色是利用各种电子管和分离式元件。第三阶段，则是第二次世界大战后，主要是 20 世纪 50 年代半导体技术、铁氧体技术、信息论以及卫星通信的发展，实现了通信设备的半导体化，开创国际卫星通信的新时代。现在人们所处的则是第四阶段，它开始于 60 年代末、70 年代初，其关键是集成电路（特别是大规模集成电路）、微处理机、数字技术、光导纤维的发展，使得高可靠、大容量、智能化和综合化的通信网络的实现成为可能，为信息时代大量信息的流通奠基。

第二，没有数字化就没有信息化。通信信号的形式有模拟和数字两类。模拟信号简单说来就是通信线路中传输的是连续变化的、模拟原始信号的电磁信号。例如，模拟电话线路中，传的是与打电话人的声音强度变化相当的电磁信号。而数字信号则是要把传送的原始信号（例如文字、语言、图像）用某一种编码的形式变为一系列离散的脉冲数字码再传送出去。数字化的优点主要有：

其一是质量高。信号要传远，必须克服沿途的衰减，因而传一定距离后需要放大，即线路中间要设许多增音站或中继站。模拟信号沿途放大时噪声和失真也一站一站地被放大和积累，故质量下降。而数字信号则可以在中继站进行脉冲再生。再生出来的是新的，与原来送来的一样的脉冲，故虽经传输，质量仍然保持。

其二是经济。因数字信号的有关电路均可用成本日益下降的大规模、超大规模集成电路。

其三是可将话音、图像、文字、数据等各种信息，都用数字信号综合传输与交换。

其四是便于应用新的编码方式，以提高保密性、可靠性、节约频带和提高传输效率等。特别是计算机与通信相结合时，通信数字化更是必然的了。从这个意义上来说，有人说信息化社会就是用综合数字信息网所联系起来的社会。

第三，高速发展图像通信和实现通信系统的智能化，是向信息时代过渡的关键。长期以来，人们认为通信主要就是打电话，因而常用电话机的按人口平均台数来说明通信现代化的程度。可是，正如前文所述，非听觉通信却是信息时代的主要通信形式，人们需要眼耳并用，甚至眼耳鼻舌身并用来获取信息。在未来的信息时代人们除了电话机外，还需要传真机、数据终端机、录像终端机、电视和图像显示机……即使电话机，人们也希望是一台可视电话。所以文本、数据，特别是图像将成为通信的主要形式，人们称之为荧光屏与荧光屏之间（即显示器间）的通信。同时，人们需要通信系统是多功能的适应人们的需求并能自测、自检，因而智能化也就是必然的了。而这一切都要求高可靠、大容量、高速度的通信信道。因此，卫星通信、微波接力通信、光导纤维通信将是未来社会通信的主角，用它们把全世界的个人、家庭、单位、国家联系起来，把大大小小的、各式各样的用户终端联系起来，把人与机器、机器与机器、人与人造飞行物、人与宇宙联系起来。

后来居上、密不可分

与通信相比，计算机可以说是后来居上的。同时，人们对它也不像通信那样熟悉。

世界上第一台电子计算机的出现，比第一台通信机的出现，整整晚一个世纪还多一点。1946 年，美国宾夕法尼亚大学的莫尔电工学院的艾克特、莫奇勒等人，为满足阿贝丁武器试验场计算弹道的需要，制成了一台取名为"电子数字积分和计算机"的设备，其英文词头缩写为"ENIAC"，中文译音为"埃尼阿克"。这就是人们公认的世界第一台电子数字计算机。它与第一台通信机（莫尔斯的电报机）相比，真是大巫见小巫。它用了18800

多个电子管,重达 30 多吨,占地 540 平方米,耗电 150 千瓦。而运算次数是每秒 5000 次。

至今,不过 30 多年。电子计算机却已飞速发展,面目全非了。通常,人们把它的发展区分为四代:第一代是电子管计算机(1946—1955 年);第二代是晶体管计算机(1956—1963 年);第三代是中、小规模集成电路计算机(1964—1972 年);第四代则是大规模集成电路计算机。如今,正在向超大规模集成电路过渡,人们估计第五代计算机将在 90 年代投入实用。区别于过去四代,它最主要的特点不是体积更小,而是具有较健全的人工智能。人们希望它能识别声音、文字和图像,具有学习和推理功能。

计算机千姿百态、妙用无穷。这里只能从信息化的角度强调几个要点:

第一,软件是计算机的灵魂。人们说计算机的本质就是自动化地进行信息的存储、加工处理,犹如人之大脑。故有电脑之称。可是,不管是哪一代计算机的实体,它都只不过是一堆电子元器件的组合。它看得见,摸得着,故称为"硬件"。而这些硬件并不能"思考"。正像一个人生来就有大脑,但是不经过学习和训练就不会思考一样。"天才在于勤奋,聪明在于积累",说的就是人的大脑需要注入信息和知识,才能正常地思考。计算机也是如此,也需要给它注入信息和知识才行。这就是软件的作用。顾名思义"软件"就是不像机器实体那样硬的东西,而是教机器怎样工作的像文件一样的软的东西。其实,计算机要能正常工作主要是要解决三个问题:其一是要能"听懂"人的命令;其二是要能"管理"自己有条不紊的工作;其三是要能"适应"各行各业不同的需要。因而软件也就要完成这些功能。要能"听懂",人与机器就要"通话",即人对计算机下命令。计算机只懂得"0"与"1"组成的机器语言。人又只懂得人的语言。要人与机器"通话"就要有人和计算机都懂的语言,这就是算法语言。把算法语言"翻译"成机器语言,就叫编译程序系统。"管理"有条不紊地处理大量信息的软件叫操作系统。编译系统和操作系统,统称为系统软件。再加上"适应"于各行各业工作的应用软件,就构成了保证机器工作的全部软件。

随着计算机技术的发展,软件在软、硬件组成的计算机系统中的费用比重越来越大。有人估计,20 世纪 60 年代大约一半,70 年代末达 80%,而 80 年代则向 90% 进军。软件和软件人员的多少正在成为一个国家计算技术水平(从而信息化水平)的标志。如今,为了快速地、大量地生产可靠的软件,人们正在用系统工程学的方法来管理软件的生产,形成了所谓软件工程。没有软件,就没有有效的信息处理,也就没有信息化。所以有人说:在信息化社会中生活的人,必须会两种语言:人的语言和电脑的语言。

比尔·盖茨　对个人电脑软件的需求,使"蓝巨人"IBM 公司对"小不点"微软公司"揠苗助长"。也促成了一位"无名小将"登场。1984 年 4 月 16 日,28 岁的比尔·盖茨登上了《时代》杂志封面,开始了他成为风云人物的历史。

第二,微处理器的应用是信息化的关键。微处理器就是微型的中央处理器。它是微型计算机的控制和处理部分。如果再加上存储器和输入输出部分就构成了微型计算机。显然微处理器是微型计算机的"心脏",也是许许多多设备智能化的关键。它的优点就在于它微小。想当初计算机这个"电脑"十分庞大,即使不占一大间房子,装到别的机器上也是个"大脑袋娃娃"。可是 1971 年这个局面发生了变化,美国一家成立不久的"小不点"英特尔公司,公布了它的新产品:Intel 4004。

Intel 4004　你看,就是这样一个肉眼看不清、道不明的"迷宫"(它只有在显微镜下才能"一目了然"),居然让英特尔公司这帮年轻人造出来了,历史也翻开了新的一页。

　　这是世界上第一种单片微处理器,它在 0.6 英寸 × 0.8 英寸的硅片上,摆下了 2250 个晶体管。它小巧灵活、价格低廉,一下子就使英特尔公司"发"了起来。如今,各公司出产的各式微处理器数以万计。正是它,使得曾经只是少数部门使用计算机的局面宣告结束。计算机在微处理器的带领下"冲进"了生产和生活的各个领域。它装在机器上、装在家用电器上、装在各种需要智能的设备上。于是许多本来是人工处理的信息,如今由微处理器代劳了。因此,有人说微处理器向各行各业的进军是各行各业信息化的标志。这说法也许不大全面,但也不算过分。

英特尔公司在硅谷的总部　正是微处理器的研发,使英特尔公司从"小不点"变成了"巨无霸",并发展成为引领着全球半导体产业的龙头。

第三，计算机与通信的密切配合才是真正的信息化。虽然，如今已经没有人反对计算机要与通信相结合。但是，却常常有人表示颇具片面性的议论，例如，有的人说：信息化就是计算机化，计算机是核心，通信不过是它的外围面已。有的人却反过来说：在通信与计算机的关系上，通信是主角。整个世界就是一个庞大的通信网络，而计算机只不过是这个通信世界里的一种外部设备。这个说：没有电脑，哪里有信息革命？那个说：卫星通信才是全球性信息革命的开端。真是"公说公有理，婆说婆有理"。到底谁有理？其实全都只有一半。全面的看法反映在"Compunication"一词的创造之中。它告诉我们：在信息时代通信和计算机将变成一个整体，起初当然是通信用计算机智能化，计算机用通信网络化，最终组成一个高级的信息网络系统。通信设备和计算机设备都是这个系统不可分离的组成部分。正是：

　　技术革命新发展，2C 如今成一家。
　　为了实现现代化，人人都应了解它。

Microelectronics

一项技术正在改变着人们的生产和生活方式。它给通信以新的生命，给计算机以新的魅力，给人以新的希望，给社会以新的活力。有人说：它是未来社会的"细胞"，是未来工业的"粮食"，是当今世界注视的技术焦点……
它是什么？
它就是：Microelectronics。

仁人志士争相识

其实，"Microelectronics"这个词并不稀奇。前面是一个"微"（Micro）的前缀，后面跟了个"电子学"（electronics）。于是，就译成"微电子学"，无可非议。它在字典里也早已有之。

然而，近年来它却时髦起来。微电子、微电子学、微电子技术、微电子工艺、微电子革命，一词多用，甚至成了新技术的代名词，出现在报章杂志之上，徘徊在人群会场之中。"迎接新技术革命，发展微电子技术"，几乎成了一个口号。到处是一片仁人志士争相识、世界各国竞发展的热闹局面。

可是，说起来微电子技术也算不上多么新鲜。即使不从 1947 年美国贝尔电话实验室的肖克利、巴丁和布拉坦发明世界上第一个晶体管算起，至少也得从 1958 年美国得克萨斯仪

晶体管三杰 贝尔电话实验室的肖克利（前坐者）、巴丁（右后）和布拉坦（左后），于 1947 年发明了晶体三极管，使微电子技术登上了科技创新的舞台，掀开了人类科技史的新篇章。

器公司和仙童公司宣布研制成集成电路开始。屈指数来也已有四分之一个世纪了。

想当初，电子设备的电路都是由一个个电阻、电容、电感、电子管或晶体管等分立元器件散装而成。而集成电路则是采用一定的工艺，把电子电路的元器件集中制作在一小块陶瓷基片或半导体晶片上，再用适当的方法把它们互相连接起来，构成集成电路。从而大大减小了体积、重量、引出线和焊点数目，提高了电路性能和可靠性，降低了成本，又便于工业化生产。

微电子技术则是随着集成电路发展而兴起的一门科学技术。最初的集成电路不过几个、十几个元器件。随着工艺的进步，集成的元器件数目越来越多，连线越来越细和密，电路越来越复杂，从而每个元器件、单元电路所占的区域越来越微小。量变到质变，"微"字应运而生。从本质上讲，

微电子技术就是使用微细加工工艺,在微小的结构内,利用各种电子效应,制作微型的电子电路或系统的技术。它的最杰出代表就是现代数字电子计算机的骄子:微处理器。因而常常有一种误解:微电子技术就是微处理器,或者微电子技术就是制作电子计算机的技术。这种谬误,犹如说:"人有脑袋,有脑袋的就是人。"之所以如此,还是因为对集成电路或者微电子技术不甚了解所致,这就使我们有必要为此稍费笔墨。

相识尚需更相知

如今,集成电路可以说是一个"亿"字号的产品。其产量以亿计,其产值也以亿计,甚至其投资也要以亿计。仅以 1982 年为例,世界年产量约为 115 亿块,产值约为 100 亿美元,仅日本的设备投资就达 9 亿美元。其品种真是五花八门、名目繁多,令人眼花缭乱。粗理其纲,人们有三种分类方法:

按用途分为数字集成电路和模拟集成电路;按结构或制作工艺分为半导体集成电路、膜集成电路和混合集成电路;按一块集成电路芯片上所含电子元件数(即所谓"集成度")分为小、中、大和超大规模集成电路等。

数字集成电路因其能进行数字运算或处理数字信息而得名。从本质上来讲,它就是一系列的开关。"开"和"关"这种非常明确、截然相反的两种物理状态,可以代表数字上的"1"和"0"。利用这两个数码来进行数字运算的制式称为"二进制",即逢二进位法。比起日常生活中所习惯的逢十进位的"十进制",电路上易于实现得多。例如,用晶体管的导通和截止,电脉冲的有和无,电位的高和低、正和负,电子开关的开和关等等都可获得精确而稳定的两种状态。所以数字电路中乃至数字计算机中选用了二进制。

在数字电路中输入信号和输出信号间的关系符合某种特定的法则。这种法则人们称之为逻辑。而数字电路也就成了逻辑电路。最基本的逻辑电路有三种。它们所遵循的逻辑关系是:

当几个输入信号中有一个是"1"时,输出就是"1";只有所有输入信号都是"0"时,输出才是"0"。这种输入输出所遵循的逻辑关系称为"或",这种逻辑电路称为"或门"。

当几个输入信号中有一个是"0"时,输出就是"0";只有所有输入信号都是"1"时,输出才是"1"。这种关系称为"与",这种逻辑电路称为"与门"。

当单一的输入、输出互为相反时,即输入为"1",输出为"0";输入为"0",输出为"1"。这种关系称为"非"。这种逻辑电路就叫"非门"。

用这些基本逻辑电路可以构成更复杂的逻辑电路,例如"或非门""与非门"乃至各种数字功能电路和系统。

数字电路既可以用分立元器件实现。也可用集成电路实现。后者就是数字集成电路。根据集成的元器件品种不同,数字集成电路又有各种类型。例如 RTL 电路是指集成电路是由电阻(Resistor)、晶体管(Transistor)组成的逻辑(Logic)电路。又如 DTL 电路是二极管(Diode)、晶体管组成的逻辑电路;TTL 是晶体管和晶体管组成的逻辑电路等等。还可按组成电路的晶体管类型不同分为双极型数字电路和金属—氧化物—半导体(MOS)型数字电路。

数字集成电路最主要的应用场所是数字电子计算机、数字通信设备和数字仪器仪表等。

模拟集成电路是对模拟量进行处理的电路。所谓模拟就是用电流或电压这类电量的变化来模拟各种非电物理量(例如速度、温度、压力、重量等等)的变化。

根据输入与输出的关系不同,可对模拟电路进行分类,如果是线性关系就叫线性电路,如各种放大器;如果是非线性关系就叫非线性电路,如混频器、调制器、检波器等。

模拟电路同样既可用分立元器件实现,也可用集成电路来实现。但由于用集成工艺来实现电容器、电感器和高阻值电阻器比较困难和昂贵,因此在集成电路中一个最突出的特点是尽量多用晶体管来实现所需的电路功能。

在实用中,人们把工作频率处于微波频段(300兆赫以上)的高频模拟集成电路单独划出来称为"微波集成电路"。与低频模拟集成电路不同,它大量应用微波带状线制作微波元件,从而形成一些独特的电路。

如果说数字集成电路是电子计算机小型化、固体化的基础的话,那么,模拟集成电路则是各种雷达、通信、导航、广播、电视、电子对抗、遥测、遥控、遥感以及模拟测量仪器仪表等领域小型化、固体化的基础。数字集成电路以少品种、大数量为其特点,模拟集成电路则以多品种为其特点。

半导体集成电路是将所有的电子元器件都集成在一块半导体晶片上的集成电路。它是集成电路的主角,又是集成化最卓越的代表。在一片薄薄的、比指甲还小的晶片上,制作出成千上万的电子元器件,并且把它们按所需的电路功能互连起来,成为一个具有完整功能的电路或系统。这是当今世界上的一大奇迹。微小的体积,巨大的集成度,这就是微电子技术的依据和核心。

而膜集成电路和混合集成电路则可以视为半导体集成电路的补充。而且主要应用于模拟电路中。

膜集成分为薄膜与厚膜两种。薄膜集成电路是在绝缘基片(主要是陶瓷基片)上,用真空镀膜或其他方法镀上一层厚度不超过1微米的薄膜,然后刻出各种电路图案。厚膜集成电路则是用所谓丝网漏印法"印制"电路图案,其膜厚一般达10余微米,故得名。目前,在膜集成电路中,由于膜形晶体管工艺尚难,通常是用平面管管芯外加到形成的膜无源电路上。

混合集成电路则是半导体集成、膜集成乃至分立元器件混合工艺制成。

至于按集成度来分类的方法,则是指单块晶片上含有元器件的多少,或者单元电路的多少。目前比较流行的说法是以数字电路中元器件的个数或逻辑门的数目为标志。例如,单块晶片上集成10~100个元件(或1~10个门电路),叫小规模集成;100~1000个元件(或10~100个门电路),叫中规模集成；再高的集成度则为大规模集成和超大规模集成。至于这两者的分界在哪里，则众说不一。目前，较流行的分界线是100000个元器件，（或10000个门电路）。当然，在模拟集成电路中也可用元器件数或单元电路（例如放大器）来划分集成度。不过，由于其品种众多，却难于一概而论。更何况，以技术的观点来看，用集成度来表征，与其说是对集成电路进行分类的方法，还不如说是对工艺水平乃至科学技术水平进行度量的方法。因为，纵观集成电路20年来的发展。其平均集成度几乎每年翻一番。其换代之快、发展之猛、从实验室到工业化生产过渡之迅速、其推广应用之深广，真是任何科技以往所不可比拟的。

值得赞美的发展

集成电路本身的出现，当然意味着科技领域的一大突破。然而，更值得提起的却是它发展到了大规模、超大规模集成电路的阶段，从量变到质变，产生了又一个飞跃，微电子学也就是从那时起才焕发了青春，引起了更多的人（不仅是电子界，而且是其他各界）的注意。所以，人们赞美它的过去，却更需要赞美它的今天和明天。

为什么呢？概而言之，因为它真正做到了"三微""四最""四通八达"。下面稍加解释。

所谓"三微"，就是微米级的尺寸，微瓦级的功耗，毫微秒级的计时。其实，在集成电路发展的前期，微电子技术中的"微"字还只不过是一个形容词，它是对小型化电子产品而言。然而，到了大规模和超大规模集成电路，微电子技术中的"微"字却是十分确切地有着其数学物理的含义了，这便是实现了"三微"。集成度的提高是与最小加工控制的线条宽度成比例的。例如，如果将最小加工线宽缩小一半，则在一块面积相同的晶片上所能集成的元件数就会增加3倍。目前（1984年）实用的线宽为2～3微米，而小于1微米的线宽（例如0.5或0.3微米）也已达到，称为亚微米线宽。集成度的提高意味着微小的晶片上有数以万计的晶体管、电阻，如果不将单个元器件的功耗，降至微瓦级，晶片就有被烧坏的危险。如今典型的提法是，单片电路的功耗不应超过 1 瓦。而在元器件如此密集的大规模和超大规模集成电路中，其逻辑元件的工作速度、存储元件的存取时间都是以毫微秒计算了。而这正是现代电子计算机高速工作的基础。

所谓"四最"，就是最佳的设计、最净的环境、最低的成本和最精细的工艺。一句话，它代表了当代技术的最高水平。没有大规模、超大规模集成电路，就没有电子计算机的微型化。集成电路把电子计算机带到了一个全新的境界，而电子计算机又把集成电路带到了一个全新的境界。高度的密集使得设计、制造和测试都极其困难，而电子计算机的介入使机助设计（CAD）、机助制造（CAM）和机助测试（CAT）成为现实，从而使设计的优化成为可能，使大规模、超大规模集成电路能以最少的元器件数、最好的线路形成和最佳的设计布局来完成指定的功能。

一块大规模、超大规模集成电路集中了数以万计的半导体器件，而半导体器件的制作过程说到头就是在晶片的表面层内控制杂质原子浓度的过程。可是，如果环境不干净，各种尘土、烟雾、绒毛、碎屑落到晶片上，那就不得了！因此，集成电路必须在净化车间中制作。这"净化"二字并不是日常生活中的"干净"，而是有具体的量的概念。通常用每立方英尺空气内大于 0.5 微米的尘粒数目来划分净化的级别。一般未净化的车间超过 5000 万个；"10 万级净化"则是等于或少于 10 万个；"1 万级净化"是等于少于 1 万个；"1 千级净化"是等于少于 1000 个；"1 百级净化"是等于少于 100 个。在目前的世界上，恐怕只有对集成电路的车间才如此下功夫吧。

而说起成本，人们就会想到：集成电路要用那样纯的材料，那样净的环境，那样高超的设计、制造技术以及那样密集的元器件数目。如此的高智慧、高科技结晶，一定是倾国珍宝、成本很高。其实不然，集成电路最主要的优点正是它的大规模生产和价格低廉！略加解释就不难理解，制造一个晶体管要经过的工序与制作一块集成电路差不多，而后者一下子就生产出了成千上万的晶体管。所以，当初价值连城的电子计算机，如今用大规模、超大规模集成电路做成的微机就可代替,低廉的价格使它进入了办公室和家庭。而这正是它广为应用的基础。

说到精细的工艺,这里很难用三言两语说清。不过,只要想一想微米级的线条如何刻制？成千上万的元器件如何互相连接？就不难悟出端倪了。到了大规模、超大规模集成阶段,用传统的光刻工艺已经不行了。要改用电子束、粒子束、X射线等更为精细的工艺手段。而布线也从在晶片表面平面布线,过渡到多层立体布线。如果你有幸仔细观察一下这种布线图案,你一定会联想到现代城市那种空中、地面、地下立体交叉、密如蛛网的交通线。只不过,那些交通线上运送的是人、财、物,而在集成电路的"交通线"上运送的却是万千信息。

集成电路之所以能达到"四最",归纳起来是由"四密"造成。即资金密集、劳务密集、技术密集和知识密集。而这正是这种新兴微电子产业的最大特点和最大优点。

最后,再说一下"四通八达"。在这里用的是这句成语的意,而不是它的量。不是说它通向四面八方,而是说它广为应用。如果说中、小规模集成电路还主要是给电子行业本身带来变化的话,大规模、超大规模集成电路却远远地冲出了电子行业,去到各行各业之中。正是它,使微型电脑得以实现,使各种机电产品(从洗衣机、电冰箱到"万能"机器人)得以智能化；使数字通信系统和高级信息网络逐步实现；使各种控制系统智能化,从而改变了工厂的生产方式,使各种柔性加工系统成为现实。人们断言:今后的社会生产将由于微电子技术的介入而走向复杂化、专用化、小批量、多品种的高适应性生产。如今已经有人在说:目前在世界上,向各个领域渗透最多、最广、最深的事物,莫过于微电子技术。所以他们断言:新技术革命说到头就是微电子革命。这个革命将改变人们的生产和生活面貌,把人类社会推向一个崭新的境界！读者朋友,难道你没有听到这急迫的脚步声吗？！

一代天骄　它们是微电子技术发展前 20 年的代表性产品：英特尔公司 1971–1993 年的微处理器。从下至上、并从左至右看（也是年序的先后）：第一排是 4004、8008；第二排是 8080、8086、8088；第三排是 80286、386、486 和 Pentium。

Robot

一种人，正在改变着生产的面貌，也会为生活带来奇迹。他像神话中的"仙人"：或者钢筋铁骨，或者三头六臂，或者削铁如泥，或者耐高温、抗严寒，或者能洞察"凡人"看不到的事物，能听到"凡人"闻不到的音响。他是信息社会中备受欢迎的成员。

他是谁？

他就是：Robot。

年近古稀却青春

是的，"Robot"这个人，我想许多人是熟悉的。不信，你查查字典。哪一本都有他的大名。当然，他是个外国人，1921 年出生于捷克，算到我写本文之时（1984 年）应该是 63 岁了。年近古稀，似乎该"退休"了。可是，近年来人们却在纷纷议论他所创造的奇迹，好像他已"返老还童"。甚至有人说：到了下个世纪，那才正是他大显身手的青春年华。

这就怪了,怎能在 60 多岁还如此健壮? 原来,认识此字的人自然心领神会,不认识这个字的,去查查字典,也会恍然大悟:啊,他的词义是:"机器人!"

为什么给机器人取一个如此怪名呢? 原来,1921 年在英国伦敦上演了一出剧,名为"罗莎姆万能机器人公司"。它由捷克剧作家卡雷尔·查培克(Karel Čapek)所著。这以后 Robot(机器人)一词就流传下来了。究其根源,它是由捷克语 Robota(农奴的赋役)一词演化而来。

"罗莎姆万能机器人公司"(Rossum's Universal Robots)剧照

不过,说起来机器人的历史却不能只从 60 多年前算起。早在 1770 年,在钟表之国的瑞士,就有两位能干的工匠皮尔赖和德罗兹,制造了一种用机械传动机构驱动的自动拟人机,这个玩具能写、能画,还能演奏。

后来,又陆陆续续地有一些能工巧匠制造了各种用于生产(例如织布、喷漆等)的机器人。然而,在电子计算机出现以前,这些机器人,只不过就是一些自动机械,说它像人,并不是指它的外貌,而是指机器自动代替人的某方面的体力劳动而已。这实质上只能算"机械化",而不能算"自动化"。真正的自动化只是在有了电子计算机之后。这时由传感器收集信息,再由计算机对信息进行分析,并拟订出动作的方案和程序,通过伺服机构控制执行单元动作,再将动作的反应(即误差信息)反馈回去以作修正,直到准确完成任务为止。这就是自动控制系统。而机器人则是一种单机自动控制系统,就像能独立工作的人一样。

初期,机器人只是由实验室单个地制作,或供试验,或供应用。1959年美国的行星公司制造和销售了世界上第一台商品机器人,开始了批量生产机器人的历史。

但是,过去的机器人,其实只应该叫作"机械手",有人称它为"终端执行件"。这只"手",很可能只不过是一台焊机、一个铆钉机、一只喷漆枪,或者一只抓物爪。当然也可能同时是两只、三只或更多只"手"。这些"手"只会干活,没有头脑。在微型处理器出现之后,它们才具备了安装"头脑"的物质基础,并在此基础上发展"人工智能",使机器人像真人一样能够"思考"和"学习"。而传感器的发展又使它可以具有视觉、听觉、触觉、味觉和嗅觉等。于是,又向真"人"逼近了一大步。进而还可以为它们增加各种"凡人"所缺乏的"特异功能",例如红外、紫外、辐射、超声的传感能力。电子技术使机器人新生!

1976年,是机器人"生涯"中不平凡的一年。这一年,这个"傻瓜"装上了电脑。维斯安公司为美国海军研究实验室制成了第一台用微处理器控制的机器人;斯坦福大学制成了一个具有视觉的机器人;梅隆大学制成了一个能"理解"语言的机器人。所以,严格说来,真正有点像"人"的"机器人"至今不过只有8年的历史。一个8岁的孩子,当然还十分幼稚。它在很多方面远不如人,但又在很多方面远甚于人。人们就是取其所长为人类服务。下面略举几个例子。

斯坦福大学制成的第一个有视力的机器人:沙基(Shakey)

人虽幼稚本领强

请看如下几则报道：

一个比一般人稍矮的机器人在日内瓦展览馆的大厅里走来走去，他身着瑞士民族服装，把一张张图片分送给观众，并同观众握手，还能回答观众提出的问题，其回答有时很幽默，有时又很幼稚，不时引起哄堂大笑。他的名字叫奥琳娜，是联邦德国制造的。

美国尤尼曼辛公司生产的机器仆人——普玛，于1981年开始出售。他能开门、扫地、掸尘、倒茶、酌酒、浇花、拿纸、开关电视机和录音机，甚至能照看儿童和进行简单的对话。

机器人不怕枪弹，不怕毒气，不怕挨辐射，不怕烟雾，不怕震动，不怕强光，不怕酷暑严寒，不思饮食，不知疲倦，不发牢骚，不讨价还价……因此在工、农业和国防中都有广泛的应用。在汽车、家用电器这些批量大和工作单调的工作中，机器人可以大显身手；在剧毒、高温、危险场所机器人可以勉为其难，为人分忧；在矿山、在海底、在核电站，机器人可以无忧无虑地工作。当然，它也能喷洒农药、分拣蔬菜、宰杀牲畜、洗刷碗碟。在战争中，机器人可以站岗放哨、侦察敌情、扫雷布雷、施放烟幕、以假乱真。特别是当给它们装上特殊的传感器时，例如红外探测器、电视摄像机、侦察接收机等，它们更能完成人所不及的工作，而又不致使战士冒任何生命危险。甚至有人设想，在未来的战场

2010年上海世博会上展出的演奏机器人

上，双方将用机器人打仗。

美国 RQ-4B "全球鹰" 无人机

在美国通用动力公司的工厂中，一种 F-16 歼击机的部件要钻 250 种大小不同的高精度的孔，由工人干，每班只能完成 6 件。而且次品率高达 10%。用机器人，每班却能完成 24~30 件，而且没有次品。

在日本富士通公司的工厂中，甚至在用机器人生产机器人，月产量为 100 台。

那么，机器人取代人的程度和速度究竟如何？意见就大有分歧了。尤尼曼辛公司的负责人说，到公元 2000 年，只有不到 5% 的劳动力被取代。而意大利的菲亚特汽车公司却认为，在今后十年中会削减 90% 的劳动力。他们代表了两种极端的看法。事实上，不会如此绝对，各行业也会很不平衡，有多有少，有快有慢。但是可以断言，速度不会太慢，发展将会惊人。不信，请看下面的一些数字。

基数不大发展快

虽然，机器人的"故乡"是在西欧。但真正使之迅速发展的是美国。1970 年美国仅有 200 台机器人，10 年后已达 5000 多台。目前它有 10 多家工厂在生产机器人，年产量约为 1500 台。据悉，1980 年美国机器人销售额为 12500 万美元。预计 1990 年可能猛增至 20 亿~40 亿美元，平均年增长率为 35%。发展速度最快的要算日本，仅仅在 1967 年，日本人才从美国引进生产机器人的技术，次年生产出第一台，4 年后（1972 年）生产了 340 台，

5年后(1973年)1500台,1976年猛增至10000台,1980年近2万台。生产厂家有170多个。1981年产值已突破1000亿日元。于是,日本已成了事实上的机器人王国。但西欧也并不自甘落后,这些年来也日益重视。据不完全统计,制造厂家联邦德国有21个、英国13个、瑞典9个、瑞士2个、法国和挪威各1个。目前按人口平均计算,瑞典的机器人占有率是世界最高的。在苏联也很重视机器人的生产,据有的资料透露,在第十一个五年计划期间(1981—1985年),工业机器人将增加到10万台。可谓快矣。

有人把国外机器人的发展水平分为三代:第一代是固定程序控制机器人,它已广为应用;第二代是具有感觉功能的机器人,它正在逐步投入生产;第三代是具有人工智能的机器人,它正处于研制阶段。可以断言,随着科学技术的发展,特别是计算机、人工智能、精密机械、控制论、仿生学、新型材料、传感技术的发展,机器人这个机械与电子技术高度结合的产物将大放异彩,成为各国竞相发展的领域。有人说,工业机器人时代已经开始,在人们向21世纪进军的征途中,没有一种新工艺或新方法会像机器人那样大规模地发展。从这个意义上说,未来的世纪将是机器人世纪。

说到这里,多愁善感的人也许会担心:机器人的大量生产,无人的机器人工厂的大量涌现,将会"抢走"人们的工作机会,失业率将增加,社会将因此而不稳定……

此论非也。想当初,蒸汽机代替人力,汽车、火车、飞机、轮船代替步行和马车,并没有使人无所事事,而是让更多的人走进了工厂和交通行业。计算机代替了手工计算和控制,也并没有使人们无活可干,不仅硬件的制造吸收了大量的工作人员,而且软件的编制更需要大量的人年(注:"人年"是计算软件编制工作量的一种计量单位,即多少人干多少年。例如5人年,就是5个人干1年或1个人干5年)。以至现在的人们议论的并不是计算机带来的工作职位的减少,而是软件危机。新的技术,带来的只是工作性质的变换和工作品种的不同,当然,这要求人们重新学习以适应新的工种。机器人的出现和发展同样会如此,当它把人们从各种笨重、危险、枯燥的体力劳动和部分脑力劳动中解放出来之后，人们将腾出手来，向生产的深度和广度进军。大量新的工作岗位将产生出来，大量的学习机会将涌现出来，更多的文娱活动和社会活动时间将提供出来，更好的物质生活和精神生活条件将创造出来，人类将生活在一个更为幸福的环境之中。一句话，

全球第一个"仿生人" 2013年春天，传来机器人研制的最新捷报：2013年2月5日，在英国伦敦科学博物馆，展出了一个身高6英尺、具有全套人造假肢和器官的"仿生人"（左），名为雷克斯（Rex）。造价为64万英镑。他是由英国机器人专家理查德·沃克（Richard Walker，右）和马修·戈登（Matthew Godden）组装的。而从头到脚各部分，则是来自英、美等国的多所大学和公司的研究成果。

机器人绝不会带来任何灾难。而是帮助人类创造一个更为美好的明天。

让我们为研制和生产更多更好的机器人贡献智慧和力量吧。把握时机，发展机器人，这也是世界新技术革命对我们的挑战！

（原载《知识就是力量》1984年第4、5、6、7期）

新武器的幽灵

幽灵缥缈

朋友，你也许看惯了舞台上的刀光剑影；听惯了飞机的呼啸和大炮的轰鸣。可是，你可曾想象过未来的战争情景？了解过下一代武器的新闻？如果你没有的话，那么，请你往下看吧……

神秘的闪光

"嘀……嘀……"

一阵急促的铃声，惊动了美国防空司令部的值班军官。他紧张地抓起电话耳机。

"您好，我是控制中心的监测员。我们在印度洋上空的'647'预警卫星的红外探测器受到来自苏联西部的强红外闪光的干扰，不能正常工作。"

"天哪！这种事终于发生了。"值班军官喃喃自语着，放下那个传来不幸消息的耳机，他斜眼注视了一下电子日历，上面显示着：

1975/10/18

接着，他按下另一部电话的按钮。于是，这件事就在美国有关部门内秘密地传开了。

有道是："福无双至,祸不单行。"一个月以后,两颗美国卫星又经历了类似的遭遇。它们是美国空军分别于 1973 年 8 月 21 日和 1975 年 3 月 9 日发射的数据中继卫星的样星。在它们沿自己的大椭圆形轨道运行、途经苏联上空时,用于姿态控制的红外水平仪受到了来自苏联的红外辐射干扰。这事发生在 11 月 17、18 日两天。

接踵而来的"噩耗",自然会惊动消息灵通的新闻界。于是,"苏联使用了反卫星激光武器"的风声,传遍全美。

可是,过了些日子,当时的美国国防部长拉姆斯菲尔德却予以否定。他在一次记者招待会上说:"我看到了报纸上关于激光活动的报道,经过调查,没有情报能证实报纸上所传的这项揣测消息。"

于是,风向产生逆转,有人提出了种种解释。其一是说,神秘的闪光是苏联天然气管道破裂失火所致。其二是说,事件发生在猎户座流星群和狮子座流星群这两个重要流星群出现期间,而它们有红外探测器可以探测到的红外辐射。其三是说,11 月中旬,正是太阳黑子活动强烈的时期,它有可能在靠近地球的空间产生软 X 射线,而这是会影响红外探测器的。总之,又是一片众说纷纭。

那么,是不是人们又都相信这些解释了呢?也不尽然。有人说,神秘的闪光的能量值,比洲际弹道导弹发射时测得的光强,比森林火灾、火山爆发之类自然光源发出的光强,要强 1000 倍。那天然气管道破裂造成的失火,会有那么大的能量吗?要知道它是不能像激光那样聚焦成极窄的光束的呀!更何况美国卫星设计时在探测器上都是加了滤光镜的,它对自然火光并不敏感。"647"卫星上的红外探测器是由美国航空喷气通用公司提供的,它设计成在 2.7 微米波长附近灵敏度最高,而这个波长与氟化氢化学激光器的辐射波长大致相同。这点破绽就颇为令人回味。又有人说,那样的流星群每月都要发生,为什么过去就没有观测到强红外辐射呢?还有人说,1975 年 8 月太阳黑子的活动比 11 月份还强,为什么 8 月份却没有记录到那样强的红外辐射呢?况且,11 月中旬的事件发生之时,并没有强烈的太阳黑子活动呀！这样一来，风向又变了。

真是"事出有因，查无实据"。因为，美国人无法到苏联去查，而苏联人又不参加议论。

然而，你不要看美国官方不承认受到激光照射，但他们心里是明白的。不论苏联还是美国都在秘密地进行高能激光武器的研制。而在对苏联水平的估计上，美国人的心情是矛盾的。一会儿说，跟自己不相上下，只是在达到的功率方面稍稍领先；一会儿又说，苏联已遥遥领先；一会儿又说，苏联要达到与美国同等的水平还相当困难。到 1980 年 5 月 22 日，他们又为这混乱的估计理出了一个新的头绪。那天，美国负责公共事务的助理国防部长兼五角大楼发言人托马斯·罗斯，在华盛顿举行的新闻发布会上宣称：中央情报局和其他一些收集情报的部门，上周向卡特总统联合呈送了一份"国家情报估计报告"。这个报告断定，苏联正在研制一种能够用来摧毁美国卫星的激光武器系统。

事实上，这是美国与苏联之间一场发展新一代武器的军备竞赛。苏联人偷偷地干着，美国人却大喊大叫地议论。这项情报估计又火上加油，使得美国政府内部和国会就美国发展激光武器的计划是否足以适应需要展开了辩论。结果是美国政府决心再拿出大约两亿美元来加速激光武器的发展。

诱人的魅力

为什么激光武器的发展如此惹人注目呢？下面就来简要地谈谈这个问题。

光，具有杀伤能力，这在我国古代的神话传说和武侠小说中是屡见不鲜的。"伸手一扬，一道白光，百步之外，取人首级。"这一类描述，历来就被认为是荒诞不经之谈。虽然后来在科学幻想作品中也有"魔光""死光"之说，但是一直没有人讲起怎样得到它。只是到了 1960 年这种局面才发生了变化，因为当年 7 月，美国加州休斯飞机公司的科学家梅曼宣布研制出世界上第一台红宝石激光器。

激光与普通的光不同，有着"三高"的特点，即高单色性、高方向性和高亮度性。

大家知道，太阳光能够分解成红、橙、黄、绿、青、蓝、紫七种颜色的光。所以，人们常把太阳光称为复色光，而把分解后的七种光称为单色光。从波的角度来看，颜色的不同意味着波长的不同。但是，这些单色光其实并不是单一波长的光，而是有一个波长范围，所以，它还能分解。不过，分解后不是一段连续的色带，而是一条条的亮线，通常称为谱线。单色光的波长范围就叫作单色光的谱线宽度。谱线宽度越窄，说明单色性越好。在普通光源中，单色性最好的是同位素氪（^{86}Kr）灯，它的谱线宽度约为5‰埃（一埃为一亿分之一厘米）。粗看起来，这是相当小的了，可是比起激光却还是小巫见大巫。例如氦氖气体激光器产生的激光谱线宽度却只有千万分之一埃。也就是说，它的单色性比氪灯提高了几十万倍。这是因为激光中所有的光子都是由同样的光子激发出来的。它们的振动和传播情况都完全一致，因而具有极好的相干性。在激光器中又使它们只能往一个方向辐射，散开的角度只有几分，甚至可以小到1秒。这样的光束照射出去，在1千米处，照射面积的直径只有10厘米；10千米处，只有1米左右；甚至照到离地球38万千米远的月球上，光斑的直径也只有3千米左右。

大家都有这样的经验，用放大镜头使阳光聚焦，可以把纸片烧一个洞。其原因就是把分散的能量聚集到一处，使单位面积上的能量很大。同样，如此高

梅曼　1960年5月16日，休斯飞机公司科学家梅曼研制出世界上第一台红宝石激光器。当时并未引起轰动，直到半年后（7月7日）他在纽约曼哈顿的会议上展示了这一成果，《纽约时报》才率先披露了这一消息。而这张照片则是1983年5月16日照的。

度集束的激光,能量必然高度集中。所以它有高亮度性。举例来说,在日常生活中我们认为太阳是非常亮的,而一台红宝石巨脉冲激光器却可以比太阳还亮 200 亿倍! 说到这里,有人也许会觉得奇怪,哪里有那样大的能源来供给呢? 其实,这是一个误解。激光束能比太阳还亮,并不是因为它的总能量比太阳还大,而是由于它的能量非常集中。比如,一台红宝石激光器发出的脉冲射束,也许可穿透一张 0.33 厘米厚的钢板,但其总能量甚至不足以煮熟一个鸡蛋!

正是由于激光有这样突出的优点,使得它问世以来,不仅在民用上广为应用,而且在军事上也引起高度重视。人们期望着它能像幻想中的"死光"那样,所向披靡。于是,一场研制、发展高能激光武器的竞赛开始了。

棘手的课题

枪炮的作用是靠发射出子弹、炮弹来杀伤敌人、摧毁装备。而子弹、炮弹都是以一定的速度飞行的,约每秒几百米。这在日常生活中,算是很快的了。但是,激光武器发出的却是一种特殊的"子弹"——光子,它是以光速飞行,每秒 30 万千米,这就是说相当于每秒钟能绕地球七圈半的速度,这是任何武器所无法比拟的。因此,它一旦瞄准,几乎不要什么时间就能摧毁目标。它既可以追上飞行中的卫星,也可以及时拦截突然袭击来的导弹,比普通的拦截火箭要快 5 万倍。这样也就不需要考虑射击的提前量,而这种提前量对普通的反导弹拦截却是绝对需要的。例如美国的"卫兵"系统斯帕坦导弹的提前射击时间为 8 分钟。这里节省的时间可用在对目标进行测量和识别。再加上它射向目标可以在极小的面积上、在极短的时间里集中超过核武器 100 万倍的能量,又能极灵活地改变射击方向,还没有放射性污染,这样惊人的效能无疑是有吸引力的。怎么能不使那些日夜向往压倒对方的军事决策者们朝思暮想呢? 难怪美国海军战略系统工程办公室的一位官员这样评价道:"这种高能激光像当初的原子弹一样,会给武器系统带来革命性的变化,这种变化可能会改变目前的作战概念和战

术。"而美国国防研究工程署署长柯里的结论是："预料制造武器的技术将
发生革命性的变化,这种变化中最革命性的变化是激光!"

这是苏联人想象的用车载激光武器射击空中目标的示意图

这是美国人想象的用机载激光武器拦截导弹的示意图

可是,话又说回来,实际上要得到这样的革命性变化,也并不容易。粗
说起来至少也得过上四"关":

第一关,就是激光的产生问题。即要研制高能激光器件,它要能在极
短的时间内输出极高的功率。

第二关,就是要解决捕获目标、精确地跟踪目标和制导激光武器对准目标的问题。试想想,敌人何时发射导弹是不得而知的。它的导弹突然发射了,就必须有非常敏感的探测器发现它,并且要有非常准确的制导系统,来控制和引导自己的激光武器,当洲际弹道导弹按其程序弹道飞行时,将能量突然照射在它的上面。与此相比,对付卫星就稍微容易一些,因为它的轨道比较容易测得。即使如此,这样的搜索、定向与跟踪系统也是远远超过目前一般武器所采用的水平。

第三关,是激光的大气传输问题。设在地面、舰上或飞机上的激光武器,它的射束要穿过弥漫的大气,对它是会产生一系列影响的。十多年前,人们认为激光武器的最大障碍是获得足够高的能量,现在这个问题正在得到解决,而高能激光的大气传输却上升为主要矛盾了。

最后一关,是一个更为理论、也更为实际的问题,这就是激光与目标材料(人们常称为"靶材",即激光武器的靶子的材料)的相互作用,也就是破坏机理问题。研究在激光束的作用下,目标是如何被破坏的,这也是一个过程十分复杂、涉及的学科十分广泛的问题。

就是这些问题在过去十几年中使美、苏的科学家们伤透了脑筋,而且这一过程还得持续相当一段时间。那么,他们在过这"四关"中已经走过了哪些路程?得出了什么样的结论?有哪些欢欣和忧伤?这就是下一章将要向读者说明的问题。

似真似幻

激光问世 20 年来,人们听过了对它的赞歌阵阵,看过了它显示出的妙用百般。它以诱人的魅力登上了民用的舞台,又正以惊人的步伐迈入军用的阵地。现实提醒着人们:那"死光"的幽灵正在悄悄地溜出科学幻想的殿堂,杀气腾腾地来到人间……

火力侦察

是的，它来了！你也许并没有听到那隆隆的炮声，甚至也没有看到那闪闪的光亮。但是，下面却是活生生的现实。

一队全副戎装的士兵，护卫着装载核材料的车辆在一条公路上行驶。突然，他们受到一股敌人的伏击。于是激烈地交起火来。只见双方都头戴钢盔，身穿特殊的军装。手中那支枪更是稀罕少见，射击中既看不见后坐力引起的震颤，也嗅不到火药发出的硝烟。只听得低沉的嘟嘟响和尖厉的叽叽声汇成一片。

这是在拍电影么？不是。是在进行一次特殊的演习，他们手中那支枪，就是

士兵手中的新型激光枪

一支激光枪（"M-16"激光束枪）。它射出的是来无影、去无踪，而又无声无息的激光束，可以使人在不知不觉间"中弹身亡"。不过在这里不用担心，它是为训练而制造的，激光能量的强度比造成眼睛损伤所需的强度都还要低100倍。这种训练用的枪，在射击时，激光器射出不可见的光脉冲，射程约为460米。参加训练的士兵的钢盔和防护衣中有电子仪器可检测射击的效果，击中时发出尖厉的声音，从旁擦过时则发出低沉的声音。这个训练是在美国新墨西哥州的一个称为阿尔布凯克地方南面的公路上进行的。

这个阿尔布凯克可不是一个普通的地区，在它近旁就有一个名为凯特兰的空军基地。那里地势开阔，周围又荒无人烟，是一个理想的秘密武器试验地。美国空军已经在那儿经营了多年。当激光的研究显露出锋芒之后，1968年，美国人制定了一个发展激光武器的绝密计划，取名"第八张牌"。而凯特兰也就被选中为试验的大本营。

在这个大本营里，就不是试验前面谈到的激光枪之类的小玩意，而是大家伙了。例如，1972年曾报道说，在那里曾用功率为6万瓦的气动激光点燃过2英里（1英里=1.609344米）以外的木板。这种激光器是由阿符科埃弗雷特实验室制造的，工作于10.6微米波段。为了使激光束能准确地击中目标，需要很好的跟踪瞄准系统。当时也曾试验过其准确度，在跟踪瞄准系统的引导下，激光束打中了一英里外安装在20英尺高木杆顶端像扑克牌那样大小的靶面。1973年，又在该基地的桑迪亚光学靶场，击毁了一架靶机。

激光是怎样击毁目标的呢？这就是人们还在加紧探索的所谓激光的破坏机理问题。经过大量的实验和理论分析，目前比较公认的主要是两个方面，即对靶材的穿孔破坏和层裂破坏。穿孔作用的道理同工业上用激光打孔的道理一样，所不同的只是作为武器需要越过遥远的距离，才作用到靶材上。穿孔的过程是这样的，当功率密度极高的激光束照射到靶材上时，该点的靶材表面就急剧熔化，进而迅速汽化蒸发。由于整个过程发生在一个约为千分之几秒的瞬间，因此就好像是产生了一个微型的爆炸，汽化的物质以比声速还快的速度喷射出来，它的反冲力在靶材内部形成一个方向性很强的冲击波，在这个冲击波的作用下，在靶材上就打出了一个孔。这种效能是连续激光或长持续时间激光所产生的。在实战条件下，人们追求的目标之一，就是利用它把目标的重要部位击穿，而达到摧毁的目的。

在实战中，人们追求的另一个目标就是，利用短脉冲、高能量激光产生的层裂作用来摧毁靶材。其作用机理是这样的：受强脉冲激光束照射的靶材，由于吸收了激光的一部分能量而温度极高，足以使靶材表层的原子电离成正、负离子，它们数量相等，因此称为等离子体；这个等离子体像云层一样"飘浮"在表层附近；当这些处于高温高压状态的等离子云快速膨胀而从靶面向外"喷射"时，在极短时间内给靶材以反冲力，形成应力波，向深处传播；待到达靶背面时，这个波会发生反射；反射波与直射波相互作用，如果产生的单位面积上的力大于靶材的动断裂强度，靶材将被拉断；而应力波在这个断面又产生反射,再发生类似作用,引起新的断裂;如此多次断裂,就称为层裂破坏。

以上所说的是高能激光束的机械破坏作用。除此之外,它还有光电破坏作用。一种可能是前面说到的靶材表面的等离子体云,它吸收激光能量后,温度会升高到可能产生紫外线或X射线;这些穿透力极强的射线,即可能造成目标结构的破坏,也可能使它内部的电子元件损坏。当然,如果高能激光束直接照射到了侦察卫星的光学或光电探测器上,也必然会使它效能降低或损坏。1975年美国人怀疑的正是苏联人是否用了高能激光武器来达到这种目的。因为,他们自己也做过类似的实验,那还是在激光问世不久的时候。20世纪60年代初,美国空军研制了一种小功率激光雷达,用来探测过顶的苏联卫星是否带有侦察照相机。这是利用雷达所发射的激光束,在侦察照相机的光学镜头上会产生反射,根据这个反射就可以判定照相机的存在。当然,这样小的功率并不足以造成破坏。苏联1975年的辐射(如果真是人为的话)却要强得多,而且据说有一次的持续时间竟长达4小时,而这是目前美国人还没有做到的。这就是他们何以如此紧张的原因。他们在想,"我们早就登上了研制这种秘密武器的艰辛征途,怎么还是让俄国佬抢到前面去了呢?!"

艰 辛 征 途

的确,美国人为发展高能激光武器是大大地兴师动众了。仅据初步统计,从1968—1979年末,它已花了12.7亿美元,而到1985年还打算再花10亿美元。它的陆、海、空三军和国防高级研究计划局都在积极地抓紧激光武器的研制。陆军的高能激光研究办公室设在亚拉巴马州的红石兵工厂。它的试验台是一辆经过改装的水陆两用履带车,上面装的是放电二氧化碳激光器。有报道说,在1976年美国陆军就在红石兵工厂试验用激光武器摧毁了一些靶机和直升机。不过它用的激光器功率比较低,而且目标也多为慢速飞行体。

美国陆军的战术高能激光炮（上图）及其相控阵制导雷达（下图）

比较起来，美国海军就要先进一些。海军的高能激光研究工作，是由华盛顿的海军高能激光工程计划部主管的。据报道，1978年海军和国防高级研究计划局（它也在华盛顿设有激光部）联合主办了一次激光束打击高速飞行体的试验。所用的激光器是美国的汤姆逊·拉莫·伍德里奇公司研制的氟化氘化学激光器，工作于3.8微米波段。瞄准和跟踪系统是由休斯公司提供的。攻击的目标是美国"陶"式反坦克导弹。这种导弹也是休斯公司制造，用来装备坦克和直升机的，全长1.12米，直径14厘米，最大速度为0.8倍音速。试验是在南加利福尼亚州圣胡安的卡皮斯特拉诺附近的、汤姆逊·拉莫·伍德里奇公司的试验场地进行的。激光器的功率比陆军的试验要大 10 倍左右。

海基激光武器示意图

陆军和海军所致力发展的主要是用于战术目的的激光武器，例如车载的、舰载的、地面的，甚至人员携带的，可以用来使敌方人员致盲、光电设备失效，或者攻打坦克、飞机、战术导弹和巡航导弹。而相比之下，空军雄心则要大得多，它不仅发展机载的战术激光武器，还发展反卫星、反洲际导弹的战略激光武器。

美国的"波音 NKC-135"机载激光武器实验室　它的机顶隆起部分前面是望远镜，后面是雷达。其下方机舱中即为高能激光武器（是几百千瓦级的二氧化碳激光器）。而操纵、实验人员和有关仪器则在后部机舱中。从 1974—1985 年的 11 年间，为美军机载高能激光武器实验立下汗马功劳。在实验过程中，它摧毁过 5 枚"AIM-9B"响尾蛇空对空导弹和一架海军的"BQM-34A"靶机。1985 年 5 月退役，现存于美国"国家空军博物馆"中。

　　为了系统地进行试验,美国空军把一架"波音NKC-135"喷气式飞机,改装成机载激光武器实验室。上面装备着联合技术公司普拉特和惠特尼分部研制的高功率气动激光器和休斯公司的跟踪瞄准系统。

苏联的"A-60"机载激光武器实验室　苏联也没有闲着,这是苏联别耶夫设计局用"伊尔-76MD"运输机改装的激光武器实验室,那大大的鼻子里就是装的高能激光武器。1981年8月19日第一次试飞。

　　在第一、二轮实验中证明了机载高能激光武器是可以精确地进行瞄准的。第三轮实验在1980年进行,根据美国空军部长汉斯·M·马克透露,这轮试验是为了验证高能激光武器的杀伤力及其有效性,试验会用激光射击空对空或空对地导弹。

　　在战略激光武器方面,美国空军也是早有图谋。还在1962年它就安排了两个"黑"项目:一个是研究星载反洲际导弹的激光武器的"黑桃"计划;另一个是研究反卫星激光武器的"黑眼"工程。

　　1974年在圣地亚哥举行了一次绝密会议。在会上,美国负责激光武器发展的国防研究工程署,要求有关公司进行方案论证和研制原型武器。还决定建造一个新的国家激光武器试验设施。所选定的地址是凯特兰空军基地南面的一个更大的军事基地——白沙导弹靶场。这个靶场,始建于1945年,已经有30多年的历史了。它是美国内陆最大的导弹和火箭试验中心。这里有着从事新武器试验的一整套设备,选择它作为激光武器的试验中心,就使三军有了一个完备的综合试验基地,从而加速激光武器研制的进程。

　　尽管如此，发展激光武器的征途还是十分艰辛的。十多年来，人们为此研制了气动激光器、放电激光器和化学激光器。它们都在不同程度上做了试验。而另外一些可供激光武器选用的激光器，如自由电子激光器、准分子激光器和 X 射线激光器等也都在探索之中。人们曾经认为激光武器的最大障碍是获得足够高的能量，但现在这个问题正在得到解决。而高能激光在大气中传输却成了重大难题。大气对高能激光传输的影响主要有四个方面：

　　其一是，大气中悬浮微粒（如烟、雾、雨、雪、水滴、尘埃等）的存在，会使一部分光能向四面八方散开，从而减弱了原来传输方向的光能。

　　其二是，大气的吸收作用，主要是二氧化碳和水蒸气的吸收，这种吸收并不是一视同仁，而是对一些特定的波长产生共振，从而消耗光能。例如水蒸气对 1.1 微米、2.3 微米、6.3 微米的波长吸收最严重。

　　其三是，大气湍流引起的光束展宽效应。这是由于大气各点的密度不规则的起伏，造成激光通路上折射率变化，从而使光束散开。同时，光束通路上空气会被加热，也会使折射率变化，产生所谓"热晕"效应，使光束散焦。

　　其四是，所谓等离子体阻塞效应。就是前面曾提到的在靶材表面附近区域形成等离子云，它将吸收激光的能量，使它部分或全部不能达到靶面。就像一扇"盾牌"，把靶子保护起来，阻挡了激光的照射。你看看，激光在它射向目标的征途中，真是困难重重啊！正是：

　　　　产生高能真不易，大气传输却更难。

　　　　要想死光成现实，还得等上多少年？

武 库 新 花

　　但是，人们并不悲观，普遍认为就在 20 世纪 80 年代的武器库中，这种超级武器就会出现。美国空军部长马克向国会报告说："飞机运载的高能激光武器系统的出现,可能为期不远了。"下图即为一例。

美国的"YAL-1"机载激光武器系统 它是"NKC-135"机载激光武器实验室的、21世纪的武器级"接班人",由"波音747-400F"改装而成,飞机的大鼻子就是激光炮塔(据称,它是当今世界最大的移动式炮塔)。从1996年开始美国空军和波音公司、洛克希德·马丁公司和诺斯罗普·格鲁曼公司合作,开始预研。使用兆瓦级化学氧碘激光器(COIL)。2001年正式上马,打算如果成功则先造7架,分别用于中东和亚洲两个潜在威胁区。这一干就是10年,共投入了56亿美元。实验是在加州的爱德华空军基地进行。实验中,既打过飞机,也打过战车,2010年还用它拦截过弹道导弹,据称效果均令人满意。

洛克希德等四家公司的代表则说,星载的全球高能激光反导系统能在近期内完成。至于那些小打小闹的激光枪则已经是现实了。例如美国的汤姆逊·拉莫·伍德里奇公司研制的一种激光枪已经在英国取得专利权。它主要是由一个轻便的化学激光器组成,可以像枪一样发射出连续的激光,可以装在卡车、舰船和飞机上,对人员起致盲作用。据介绍,普通的化学激光器会产生剧毒的高温气体,这既会对使用者本身产生致命的作用,也易于被敌方的红外探测器发现。而这个专利所制成的激光器却没有这种危险。这是由于它用一个供药筒产生化学激光,而又用一个吸气筒吸收有毒气体和热。

其工作过程大致说来是这样的:在供药筒中分别装有氢或氘和氟、氯、溴或碘的化合物。一扣扳机,引起反应,产生卤素原子,它们随着空气流入激光腔,在那里与氢或氘化合,生成卤化物,在几秒钟内发射出波长约为

2～4微米的激光。同时，反应所产生的毒气，由吸气筒吸收，放出的大部分热也被吸收。于是，既不放出伤害本人的毒气，又不放出易被对方探测的热来。扔掉使用过的药筒，装上新药筒，又可以再射击。

海军的动作也不慢，下图是他们的试验。

美军"杜威号"驱逐舰上的舰载高能激光系统　2013年4月8日，美国《防务新闻》报道，美军用它进行了一次试验，成功击毁一架无人机。

靶机着火　这是无人机被击中起火，而后坠入海中。

特写镜头 这就是那台激光系统,它包括固态激光器及其控制系统、冷却系统和供电机组。安装在"杜威号"的直升机甲板上。

即将列装 这次试验成功使海军大受鼓舞,于是海军作战部长宣称:2014年将正式为"庞塞号"船坞登陆舰装备一套舰载固态激光武器系统,并配属给在中东地区执勤的第五舰队。你看,这就是"庞塞号",其满载排水量为16591吨。据称,该激光武器系统将占用其船尾的、可起降两架大型直升机的甲板空间,可见这第一套实用系统是多么庞大!

人们对于把激光武器装在卫星上,以攻击洲际导弹和卫星,寄予极大的希望。因为在那里,太空的近似真空为激光束的无衰减传输提供了方便的条件。在洛克希德公司、汤姆逊·拉莫·伍德里奇公司、帕肯·埃尔默公司和查尔斯·斯塔克·德雷珀公司的怂恿下,1979年12月12日美国参议员瓦洛甫向国会提出发展一个由18颗带高能激光器的卫星组成的武器系统，用来防范苏联弹道导弹的侵袭。每颗卫星装有一台5兆瓦的激光器，一块4米的反射镜，一台瞄准跟踪仪以及目标探测设备和指令控制设备。每台激光器可以发射大约1000次，射程略小于5000千米。这18颗全副武装的卫星分布在3条极地轨道上，每个轨道6颗。这样一种布局便可以把全球都置于它的势力范围之内。据瓦洛甫说，"它可以抵御全部苏联重型导弹、大约300枚其他洲际弹道导弹、几乎全部潜艇发射的弹道导弹以及全部远程轰炸机和巡航导弹运载工具。"他补充说："这一估计的前提是，苏联在15分钟内在全球范围内启动它的全部战略设施。"

好家伙，照瓦洛甫这样说来，只要部署好这样一个系统，美国人就可以"高枕无忧"了！

其实，这也不过是一种自我安慰罢了。因为，用美国人自己的话来说，"也许他们已经发现了某些我们还不知道的东西，或许由于某些我们还不清楚的原因，他们已经决定加速前进。"据估计苏联每年花在激光武器上的钱大约是10亿美元。他们已经发展并试验了取名"杀猎犬"的空基激光反卫星系统。美国人曾经观察到苏联的反卫星拦截试验中一些令人生疑的迹象。例如，1977年5月19日苏联发射了一个编号为"宇宙909号"的卫星，其轨道是近地点991千米，远地点2112千米，据分析这是一颗作为被攻击目标的靶星。而后，苏联又发射了"宇宙918"号，作为杀伤卫星，去袭

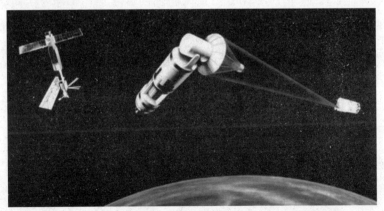

这是美国人想象的用天基激光武器系统（中）打卫星的示意图

击靶星。但是它的轨道却很低（近地点131千米，远地点也只有265千米）。两者轨道相差这样远，如何进行拦截呢？西方的观察家认为，如果不是试验失败，那就是试用了激光武器。

这是苏联人想象的用陆基和天基激光武器系统打卫星的示意图　在这里更加热闹，上面是天基激光器直接打卫星；下面是陆基激光器射向太空的反射镜后再射向卫星。

正如英国著名的武器杂志《詹氏武器年鉴》中评论所说："美苏间的超级科学竞争，首先是实现激光武器的竞争。"这就难怪美国人一面大喊大叫苏联激光武器的威胁，一面又加速自己的研制，因为他们实在害怕对方超过自己。为此，还于1978年专门在国防部内成立了一个称为定向能束技术局的机构。它管的就是那些可以向特定的目标方向定向地、集束地发射能量的武器。激光武器当然是这样的武器。那么，它为什么不就叫高能激光武器呢？原来除了激光武器能产生定向能束外，还有其他的装置，也同样可以产生定向能束。例如，所谓粒子束武器就是堪与激光武器并驾齐驱的一种。那么，粒子束武器又是什么样的东西呢？苏联和美国在这一领域里又在进行着怎样的竞赛呢？正是：

死光武器已出现，粒子能束有何难？

欲知幽灵种种事，请君继续往下看。

魑魅闪现

朋友,你也许听惯了对电子、原子的描述,看惯了对质子、离子的形容。又小又轻,这就是人们共同的结论。可是,有一位情报官员却透过这些"微不足道"的粒子,看到了又一种新武器的幽灵……

奇怪的基地

他是谁?

他是乔治·基根。

他是干什么的?

美国空军副参谋长兼情报部部长。

他发现了什么?

说起来就话长了。要搞清这件事的来龙去脉,我们得稍稍谈远一点。那还是第二次世界大战刚结束不久的 1946 年初,在美国南加利福尼亚州的道格拉斯航空公司,成立了一个技术专家小组,名为"兰德设计小组"。目的是对如今人们已经司空见惯的东西——人造地球卫星的发射可行性进行技术分析。这在当时真可以说是想入非非。因为,不但谁也没有见到过,甚至没有什么人听到过这种神秘的东西。可是,当年 5 年 2 日,他们就提出了一篇长达 342 页的报告。结论是:"现代技术的发展已使设计人造地球卫星飞行器有了可能。"

1947 年 2 月 1 日,他们又送上了两份秘密报告,一份是《卫星火箭的气动力、燃气动力和传热问题》;另一份是《卫星发射场的研究》。1948 年,这个小组独立出来,"兰德公司"成立了。这个如今已载誉全球的公司所生产的,不是一台台机器,而是一份份论证和分析的文件。一句话,它实际上是一个"智库"。

1951 年 4 月,他们又提出了几份更为"机密"的报告,一篇是《利用卫星进行侦察》;另一篇是《气象侦察卫星的可行性探索》。这一下可惊动了情报界。从此,兰德公司在中央情报局的直接领导下,开始进行一种崭新的侦察工具——侦察卫星的秘密设计研究。当时给这个项目取的代号是:"反馈计划"。根据这个计划,他们又写出了一系列机密报告,从而使一个新的间谍工具的形象极其诱人地呈现在人们的憧憬之中。事实上,随着他们书面方案的进展,一个正式的战略卫星侦察系统的任务,在中央情报局的倡议下,由美国空军向各工业公司提出,并于 1956 年 6 月 30 日与洛克希德公司签订了合同。该工程的官方代号是"WS—117L",而公司自己采用的代号是"斑鸫鸟",外号又称"老大哥"。

一开始,这项工程进行得十分谨慎而神秘。美国国防部甚至禁止在任何公开场所谈论"空间"这个词。

可是,1957 年 10 月 4 日,当全世界都听到了苏联第一颗人造地球卫星的"嘀嘀"声之后,禁令却不解自废了。10 天后,美国《航空周刊》杂志上居然登出了这样的消息:

美国空军正在突击研制"斑鸫鸟"空间飞行器,苏联卫星的成功将给洛克希德公司的侦察卫星计划带来新的刺激。

一下子,就把买主与卖主、代号与用途都捅出来了。事实上,美国当局的确加快了步伐,一个半月后就把给洛克希德的经费翻了四番。人们急着要看到侦察卫星这个超级间谍送回的宝贵情报。喜欢大吵大嚷的美国国会议员们更是沉不住气了,他们向当时美国空军主管导弹和空间事务的施里弗将军急匆匆地问道:"侦察卫星何时可以使用?"

而得到的回答是:"明年(1959 年)春天!"

就这样,美国的间谍卫星问世了。至今它已经在空中游荡了 20 多年。至于它经常给它的主子汇报一些新鲜的消息,那更是司空见惯了。特别是作为美国空军情报部门首脑的基根少将,更是如此。由美国空军所发射的一颗颗照相侦察卫星、早期预警卫星、核爆炸探测卫星和电子侦察卫星,极其频繁地给他带来了核武器研制、新基地建设、导弹发射井变更和军事部署调整等的种种情报。也许，有人会认为处于这样千头万绪的情报包围之中的人，已经会对这一切变得麻木迟钝了。可是，这个谍报老手却不然。这十几年来，他在注意着一系列变化的同时，还一直注视着苏联一个奇怪的基地，思考着："他们在干什么？！"

1967年，卫星照片向基根展现了一幅奇境：在苏联中亚细亚的塞米巴拉金斯克城南50多千米处，有一个奇怪的基地。它有一个宽61米、长214米的中心建筑物，其墙壁就有3米厚，全钢筋水泥结构。从卫星照片上还看到两个直径为18米的大钢球，彼此用管子连接，附近还有许多装液氢的车辆。

塞米巴拉金斯克　在中亚细亚，苏联的哈萨克加盟共和国境内。苏联解体后，它归属哈萨克斯坦疆域。它附近的广大区域，就是苏联的核试验基地(这也是美国人一直盯住它的原因)。从1949年8月29日首次核试验，至1989年10月19日最后一次核试验，40年间，苏联在该地区进行过几百次核试验。1991年8月29日哈萨克斯坦首任总统纳扎巴耶夫下令关闭了该试验场。美国人认为如果用核聚变来产生粒子束武器所需的高能，则苏联人在这一地区试验的可能性最大。此图是该市机场及其领域的卫星图片。

这在基根少将的脑海里画了一个大问号:"？"。于是下令严密监视。此后又经常发现在该地区上空的大气中探测到热辐射和放射性微粒。如此,十年又匆匆地过去了,基根头脑里的问号终于被一系列沉重的情报所拉直,成了一个惊叹号:"！"。

1977年3月,基根对他手头由各条渠道来的情报进行了综合分析,向美国中央情报局写了一份秘密报告,认为塞米巴拉金斯克是苏联的一个新武器试验基地。而这种新武器就是所谓"粒子束武器",简称"粒子武器"。

惊人的武器

顾名思义,粒子束武器就是以"粒子"作为子弹、集束射向目标的武器。不过这"粒子"不是人们日常看得见、摸得着的颗粒,更不是步枪的子弹、大炮的炮弹之类的大东西,而是原子大小或电子、质子和离子这一类亚原子大小的微观粒子。也许,听了这,人们会哑然失笑,谁不知道子弹、炮弹个子越大威力越强？而那样小的粒子又何足道哉？能起什么作用？

非也,君不知这粒子束武器所发出的粒子却非同等闲,它们是在粒子加速器中被加速到接近光速的玩意儿,因此具有很高的能量,与激光能束相似,它可以把目标的关键部位烧一个洞或烧裂;对迎面袭来的导弹,它还可以点燃它的战斗部;可以熔化或破坏内部的电子元件,使导弹失效、使卫星失灵。还有一种说法是:地球外层空间,有一个由原子粒子构成的强烈的辐射带。它是美国科学家詹姆士·范·艾伦发现的,就称为"范艾伦带"。而地球的阴影区还有一个长达数万千米的带电的"尾巴"。当洲际导弹和卫星等飞过这一区域时,就会带上静电。这种带静电的物体与带异性电荷的粒子能束发生作用时,就会产生强烈的放电现象(这就像两个带异性电荷的云层放电,形成闪电一样),从而摧毁洲际导弹和卫星。加之,这种武器速度快、精度高、能量大,又能灵活改变方向、多次重复射击。所以,真叫迷信战略武器威慑力量的人们垂涎三尺。

这种新武器简单说来由高能能源、粒子产生装置和粒子加速器三个部分组成:高能能源把巨大的能量提供给粒子产生装置,产生的粒子由喷嘴喷出,进入一个特殊的粒子加速器加速,最后射出高能、高速的粒子束。

它的工作程序是这样的:由精密的预警、跟踪装置探测目标,并在可能杂有诱饵或干扰的环境中识别目标。再由瞄准装置引导粒子能束瞄准目标和跟踪咬住目标,发射粒子束并使它经过辽阔的空间打到目标上,判定是否击中目标。如果击中,那就要判定损坏情况,看看是否击中要害。如果没有击中,那就要测出粒子束偏离目标的方位和脱靶量。用脱靶量来校正粒子束的瞄准,再次向目标发射粒子束。根据射击结果确定目标损坏情况或脱靶量。如此反复直到目标被摧毁为止。

用高能粒子束武器攻击的示意图

艰难的课题

但是,将粒子加速到接近光速并聚焦成密集的束流,还要准确地瞄准和跟踪目标,再穿过辽阔的空间击中目标,将它摧毁,要做到这一切也是说起来容易,做起来难。虽然不是高不可攀,但是却也得"过五关"才行。

第一关,就是强大的电磁能源问题。大家都知道,像子弹和炮弹这样的武器,都是靠炸药猛然爆炸产生巨大的推力,将弹丸射出。与此相似,粒子束武器也是以突发的脉冲形式工作的。它需要符合要求的脉冲电源,这种电源能在一瞬间产生高能,并可进行快速地贮存、转换和释放。这个问题难到什么程度,只要举个数字便可以看出来。例如,要把导弹弹体烧一个洞,需要能量为3000万焦耳、脉冲宽度为百万分之一秒的脉冲电源。这个数字,对有些人说来也许还不够形象,但是如果我们说它相当于1.5万个发电量为200万千瓦的发电站的总功率时,人们就会瞠目结舌了!由此可知要求之高。这样的要求目前认为只有靠核裂变或核聚变才能达到。

第二关,则是高能粒子加速器的问题。要使质量很轻的粒子获得足以摧毁目标的动能,唯一的办法就是使它具有很高的速度。而要做到这点就只有靠粒子加速器。说起加速器,有点原子核物理常识的人都不生疏。但是目前用于科学研究的加速器,并不能满足粒子束武器的要求。因为它们有的产生的粒子束能量高、流强却弱;而有的却相反,产生的粒子束流强强、能量却低。要达到粒子束武器的能量又要高、流强又要强的要求,必须研制新的加速器才行。

产生高能粒子束的实验用直线加速器

第三关，是粒子束的瞄准和对目标的跟踪问题。首先应当有预警系统和跟踪系统来完成发现、报警、捕获和跟踪目标的任务。其次则要求有指挥各部分统一行动和控制引导粒子束武器瞄准并射击目标的高效能指挥、控制系统。试想想，远在百里、千里之外的目标，张角极小，运动又快，而粒子束又必须有千分之几米的精度来击中目标，其要求之高也就可想而知了。

第四关，是要解决粒子束的传输问题。以地面为基地的粒子束武器，它的粒子一射出来就会碰到比比皆是的空气。这空气可不是好惹的。粒子束与它相碰，不仅会使能量急剧衰减，而且会使粒子束扩散。有人做了计算指出，由于这些影响，在距加速器400米的地方，粒子束中粒子的动能只有原来的30%左右；而到1000米的地方，竟只剩下6%了。削弱到如此程度，哪里还有杀伤力呢？幸好还有其他的效应使这种矛盾得到缓解。那就是粒子束损失的能量会使它周围的空气升温、升压和膨胀；同时，粒子与空气分子的碰撞又会使空气电离。结果为自己"杀"出一条通道，即在粒子束的周围会形成一个高温电离空气通道。它不仅减少了后续粒子与空气的碰撞机会，而且电离产生的与粒子异性的电荷会减弱粒子束因自身电荷相斥所引起的扩散，从而降低能量损失。相反，如果不在大气中，而是在太空近似真空的环境中传输，那么扩散就特别严重。而且，地球磁场对带电粒子束的影响很大，将使粒子束剧烈偏转。因此，人们通常认为带电粒子束武器正好与高能激光武器相反，不适用于外层空间。那么，怎样才能制成适用于卫星载的粒子束武器呢？有人建议用中性粒子束，这样一来粒子间本身没有斥力，二来地球磁场也就没有影响了。一种议论较多的方案是用氢原子束。形成过程是，先在加速器中加速负氢离子，而后去掉附加的电子而成为中性氢原子，射出加速器。虽然，中性粒子在外层空间传输也会扩散，但是这种扩散就要小多了。例如，如果在加速器出口处氢原子束的直径是2厘米，那么传输1000千米后扩大为20米。总之，就像激光的传输一样，粒子束的传输也是一大难题。美国曾经主管这一领域的国防部次长帮办露斯·戴维斯博士说:"把粒子束射到目标,无论在物理上和工程上都是一个非常不确定的领域。现在既没有迹象表明,在大气中或者在外层空间能够按照一个可控制的路线传输粒子束;也没有理论证明,粒子束不能在大气或外层空间传输。因此,我们正在强调粒子束的传输试验,并把它作为我们计划中的一个重要部分。"

研究粒子束武器的最后一关,就是搞清粒子束对目标的破坏机理,即目标是怎样被破坏的?效果如何?受哪些因素控制?这样才有利于对粒子束武器提出恰当的要求,以指导研制。而这既需要理论分析,也需要大量的试验观察。

看了这一切,有人会提出这样的问题:既然研制粒子束武器如此艰难,那么研制它值得吗?会不会得不偿失呢?这也正是在美国高层科研或武器发展领导人、科技舆论界中争论了许久的一个问题。在下一章中我们就将介绍这场大辩论及其结果,介绍粒子束武器如今的发展态势。

亦幻亦真

粒子束武器的幽灵若隐若现。有人说它已经存在,有人说它正在试验,有人说它即将问世,有人说它还得多年。情况到底如何?一般人觉得这问题神秘莫测,科学界也觉得论据难全,而那些消息灵通的人士之间则展开了一场争论……

公开争论秘密问题

这个题目,看起来矛盾。既然是秘密,何以又公开争论?但这却是事实。试想想,对于粒子束武器这样一种"未来"的武器系统,谁愿意泄露风声呢?可是,1977年以来在美国却掀起了一场闹剧。

这事还得从卫星侦察发现的奇怪基地和基根少将的秘密报告谈起。

前面已经说到,基根少将认为苏联的塞米巴拉金斯克的奇怪基地是为发展粒子束武器而建立的。那大大的钢球则是用于获得巨大的脉冲能源的小型核爆炸装置,据说能释放出相当于100万吨黄色炸药的能量,形成高温等离子体,通过磁流体发电机,发出高压脉冲电流。再用巨型电容器贮能,经过高压开关放电。而后由通量压缩器和电子注入器把脉冲高电压转换成电子束,再经过高频功率源加速后以接近光速的速度进入集团加速器。在这里高速电子流与质子加速器来的质子相遇,经过集团加速后,以质子流的形式从磁透镜射出。

基根少将根据他对已掌握材料的分析,于1977年3月向美国中央情报局写了一份秘密报告。报告中分析了苏联的情况,并尖锐地指出美国在粒子束武器这一领域内可能比苏联落后了5~10年。可是中央情报局的原子情报处却有自己的看法。曾任美国总统科学顾问的加温以及麻省理工学院的物理学家约翰·帕门托兰和科斯特·奇皮斯也不同意基根少将的观点。这些"反对派"认为,粒子束武器有那样多的技术难关,不论是美国还是苏联谁也没有本事在短期内啃下这块硬骨头。甚至,即使能造出来,结果如何也值得怀疑。

于是基根少将辛辛苦苦写的报告,便如石沉大海,非但没有呈给卡特总统,甚至也没有拿给总统的国家安全事务助理布热津斯基博士研究。一句话,卡壳了。

可是,像基根少将这样的人物也并不是孤掌难鸣的。他有着一批少壮派科学家支持,还得到美国《航空和空间技术周刊》杂志编辑部的赞同。于是他们开始"进攻"了。由于秘密途径走不通,他们就干脆捅到社会上。1977年3—5月间,《航空和空间技术周刊》杂志先后发表《俄国威胁的新估计》、《苏联加速研究能束武器》和《能束武器评述》等文章。这一下就惊动了白宫和五角大楼。5月30日该杂志就这一情况作了报道,题目是"布朗谈能束武器"。国防部长竟然亲自出马,在大庭广众之下议论起这个曾经是极其保密的问题来了。从此,这一新武器的幽灵就在世界上游荡开了。苏联人装作模棱两可,美国人却大肆评论起来了。文章、消息大量出笼,报道着苏联的情况,描述着美国的动态。也许有人觉得"美国人太傻了,怎么把这样机密的事也拿出来讨论"。其实,这也是美国人所迷信的"威慑"手法之一,目的是让对方知道:你搞的我知道,你干的我也在干,不是"独家经营",你吓不了我。另外,在那些连篇累牍的报道中也是虚虚实实。有的是真,有的是诈;有的是真刀真枪,有的是火力侦察。所以,对于下面将引用的材料,奉劝读者脑子里也要多一根弦,不可不信,也不可全信,不妨研究研究吧。

令人不安的迹象

有道是:"无风不起浪。"

美国人认为,粒子束武器中的超高压输电线和强电磁场中的导线都要通过大密度电流,因而必须处于电阻极小的超导电状态。而超导只有在极低的温度下才行,这就需要制冷。他们解释说,那奇怪的基地上的液氢就是用来制冷的。果然不出所料,从1975年以来,已经7次探测到在这个基地上空大气层中有氢云出现。美国人还说,他们探听到苏联试验了一种可以叫"4.7"的加速器。这"4.7"是指它的四项主要技术指标都达到了7次方的高水平,即 10^7 电子伏特、10^7 安培、10^7 焦耳、10^7 分之一秒。试验是在苏联高尔基城附近的萨洛夫地区进行的,那里也可能是苏联的又一个研究中心。此外,美国人还盯着另外一个地方,那就是里海附近的哈萨克地区的阿齐根试验场。它受苏联防空军管辖。美国人认为这是苏联粒子束武器已经接近部署阶段的迹象。还有,据说苏联已经利用载人的"联盟号"飞船、"礼炮号"空间轨道站以及不载人的"宇宙号"卫星,进行了8次粒子能束的传输试验。这种在电离层和外层空间进行的试验,绝不是像苏联自己公开宣布的那样,是什么为了"研究电离层和磁层",而很可能是他们粒子束武器的反卫星计划的一部分。

在克服粒子束武器的一个个技术难关上,美国人还了解到一些更具体的、令人不安的迹象,说明自己真有差距。下面是透露的几个例子:1975 年夏访问美国的苏联物理学家鲁达柯夫透露,他能把激光射束和电子射束变换成软 X 射线,以压缩低能量级的聚变燃料。美国人认为,这是通过聚变产生脉冲功率为粒子束武器提供能量的关键突破。在贮能技术上,美国人认为苏联已经用压力达 100 个大气压的加压水作介质的水电容器来贮存能量,而这比美国人贮能密度的水平要高 40 倍。在加速器上,美国人了解到苏联在 1974 年就试验了目前认为最有希望的自共振加速器,而美国却到 1978 年才试验。在电子喷射技术上,从 1975 年起,苏联同法国联合进行了电子射束传播试验,试验用的是苏联的电子射束加速器和法国的探空火箭。公开宣布的目的是研究电离层和磁层,但是谁又能说这不就是在进行粒子束武器试验呢? 起初美国人还将信将疑。可是当他们在苏联新西伯利亚的一个高能物理所里,发现一种完全可以用作电子喷射器的设备时,他们的侥幸心理破灭了。据说苏联人不仅让他们看了,而且十分大方地同意把这个设备卖给美国供商业使用。这一下美国人惊异地发现,自己在这个领域里又差不多落后了 10 年!

曾经对基根少将的观点抱怀疑态度的美国国防部,如今在这样一些迹象面前沉不住气了。于是,在 1978 年 9 月宣布成立了一个专家组,由 53 名著名科技人员组成,决心弄清这些迹象的含义。几个月后他们给国防部写了一份报告,说苏联确有一个发展粒子束武器的庞大计划;在这一领域内苏联已经领先 5~7 年;美国需要加强这一工作。

有情报说,苏联已经干了 20 年,耗资达 30 亿美元。据估计,已有 2000 名第一流学者和 350 个实验室在从事与此有关的研究工作。

通过争论、研究和评审,使美国人得出了他们曾经不愿意得出的结论:苏联可能在 1980—1983 年间搞出陆基质子束武器;1983—1986 年间可能搞出机载质子能束武器;1986—1989 年间就可能搞出星载中性粒子束武器。一句话,他们估计到 80 年代末,苏联的粒子束武器也许要过关了!

粒子束武器试验设施示意图 图中 A 为永磁爆炸发电机组，B 为屏蔽墙，C 为备份发电机组，D 为粒子束注入器，E 为磁铁，F 为粒子束喷嘴，G 为电源开关。

永磁爆炸发电机 它是将爆炸的化学能转换为电能。图中 A 为永磁爆炸发电机，H 为带启动器的水泥台。

面对这样尖锐的挑战，美国人感觉到他们寄托在一、两件新武器上的、脆弱的"战略平衡"就要遭到破坏。不能容忍这个"粒子束差距"的存在。于是一面小声地呼喊着："上帝啊，保佑我吧！"一面调整着自己的部署，急起直追。

跷跷板又动了起来

使美国人感到痛心的是,在粒子束武器的探索中,西方起步得并不晚。早在 20 世纪 40 年代中期,英国就率先探索过这一领域,但是由于输出不够而放弃了。而美国从 1958 年起又做了一个电子束武器计划,名曰"跷跷板计划"。后来因为技术困难而于 1973 年宣告停止。此后,美国陆、海、空三军虽然也零零碎碎地做过一些研究,但是却由于相互分散,思想不统一而捏不成拳头。

后悔有什么用呢,关键是要干。于是美国人在全面总结了这 20 年的沧桑之后,重新振作起来。用一个未透露姓名的美国官员的话来说就是:"美国已经从粒子束武器能否实现的怀疑态度,改变到要在一定的时间内搞出粒子束武器和高能激光武器的积极态度。"

怎见得呢? 其主要迹象有三:

其一是,统一领导,协调规划。在 1978 年底,美国国防部成立了定向能束技术局,统筹粒子束武器、激光武器和微波武器的发展。这些武器的特点都是能量定向辐射,因此就合并到一起领导,由当时的国防部次长帮办露斯·戴维斯博士主管。他的观点十分明确:"粒子能束技术是第二次世界大战以来在技术上的一项根本变革;从武器观点来看,它可能导致一场大的轰动,可能使美国的战略发生根本性的改变。"定向能束技术局把原来由三军和高级研究计划局分散进行的项目进行了调整,制定了一个从 1981 年开始的历时五年的计划,投资 3.15 亿美元,来过五大技术关。然后,还打算再用六七年时间,花 7.6 亿美元来从事四种不同类型的原型粒子束武器系统的研究。其中三种是利用电子束或质子束摧毁大气层内的目标。而第四种则是以空间为基地的远程中性粒子束武器。美国人打算在上述计划实施一段后,还要在国防部内专门成立粒子能束技术局,来加强管理。

其二是,明确重点,提倡军事部门与其他技术部门合作。海军着重研究电子束的传输和先进技术加速器。主要任务称为"椅子遗产"计划。目的是发展舰载反巡航导弹的电子能束武器。1979 年众议院军事委员会要求把该任务转归国防高级研究计划局管理，以建成 50 兆电子伏特的先进技术加速器；并在 1982 年后期进行针对各类目标的粒子能束传输试验，投资 0.57 亿美元。据说，研究一段时间之后还要再交还海军。美国的粒子束武器研究的另一个重点是陆军的"神圣之火"计划。它是准备用于宇宙飞船上的中性粒子束武器。这项研究是在新墨西哥州的洛斯·阿拉莫斯科学实验研究中心进行的。计划三五年内把一个实验系统送上天。陆军还在搞的另一个项目是陆基反弹道导弹的粒子束武器。它是由得克萨斯州的豪斯汀研究中心进行研究，使用自共振加速器。强调一旦实验成功，就移交工业公司制造。在加速器的研究中，国防部和能源部密切合作，据说，目前所用的加速器大都是来自能源部。

其三是，强调工程实践，规定武器范畴。美国国防部在推行粒子束武器的研究计划时，特别强调工业界和工程师的早日介入，表明它的目标是实用的武器系统。这方面还表现在它已经明确地规定了武器范畴，即：

近程粒子束武器：射程约 1 千米，在稠密的大气层内工作，利用粒子能束的辐射锥摧毁目标。它对瞄准和跟踪的要求较低，但是却要求有重量轻、体积小而发射率高的能源系统，要求射束能量高。

中程粒子束武器：射程约 5 千米，也在大气层内工作。它要求有聚焦很好且能精确瞄准的粒子束，和发射率高、功率强的脉冲能源。它可以摧毁加固的核弹头之类的目标，要求有精密的瞄准和跟踪系统。

远程粒子束武器：射程约 10 千米，要有聚焦很好的射束和极高的脉冲功率，每个脉冲有很高的流强。它是在大气层内摧毁目标，要求有先进的瞄准和跟踪系统。

星载反弹道导弹的远程中性粒子束武器：射程几百千米，要求有体积小、重量轻、燃料容量大的能源系统和非常精密的瞄准、跟踪系统。

大兴土木　2008 年 12 月 16 日，一座新的粒子束实验室，在美国新墨西哥州凯特兰空军基地东边的桑迪亚国家实验室破土动工。这是该实验室的外观示意图。据称，这个建筑物中将有 6 台加速器，进行轻、重粒子束的实验研究。

　　由此可见，美国人打算"后来居上"，为自己订立了这样具体的奋斗目标。尽管如此努力，但是要这一切成为现实，要使粒子束武器真正成为实战的工具，那还是遥远的事情。根据戴维斯的估计，要到 20 世纪 90 年代末，在美国的武器库中，才可能有粒子束武器。而苏联人据说也快不了好多。正是：

　　　　粒子武器技术难，朝思暮想也枉然。

　　　　要想用它去打仗，还得等上多少年？

　　　　　　　　　　　　　　　　　　（原载《知识就是力量》1981 年第 1、2、3、4 期）

电磁波谱之战

人喊马嘶，鼓号齐鸣，刀光剑影，列队布阵的古代战争已经过去；箭弹齐发，硝烟弥漫，战鹰翱翔，车舰驰骋的现代战争还在进行；可是，未来的战场是什么样的情景呢？

热热闹闹的过去

1945 年 8 月，当美国把它的第一批原子弹投向广岛、长崎之时，人们对核威力的认识才从理性走向感性。透过蘑菇状的烟云，人们认识到：仅仅用机械爆炸的当量来描述核弹的威力，已远远不够了。区别于普通的炸弹，它不仅仅有冲击波和弹片的硬杀伤，而更重要的，它有光辐射、电磁脉冲、放射性沾染等，即它们有明显的电磁杀伤和破坏威力。这才是它最本质的特点。

正是这些综合威力，使得超级大国拿起了核讹诈这把双刃剑，既气势汹汹地用它恐吓对方，又胆战心惊地害怕毁灭的厄运落到自己头上。于是演出了既竞相发展、又进行核裁军谈判的双簧闹剧。

从军事技术的角度来看，核弹的电磁杀伤作用是人们对电磁能量被动的、无主控能力的利用。

与之相反，在过去的岁月里，人们却是那样主动、精心策划地利用着电磁波。被称为"战争之神"的雷达就是一例。利用发射电磁波而又接收和处理从目标反射(散射)回来的电磁波,人们制成了各种各样的雷达,用它们探测、跟踪目标,为飞机导航,为导弹制导等等;而基于电磁原理的电子计算机和指挥、控制和通信(C^3)系统,则给战场带来了巨大变革。

庞然大物 美军在凯特兰空军基地搭建了一个据称是"世界上最大的木头架子",为的是试验飞机(台上放的)对电磁脉冲的抵抗力。图右边是测试用的天线。

常言道:"道高一尺、魔高一丈。"针对这些电子系统,人们发展了电磁干扰技术,于是一场持久、日益激烈的竞赛展开了:侦察、反侦察,干扰、抗干扰,这种电磁波领域里矛与盾的对抗,就是电子战。

然而,当这种"斗智"的竞赛仍效果不佳时,人们又回到"斗力"的角逐之中。研制了反辐射导弹,用它们来消灭电子系统。这就在电子战领域内又增加了一对新的矛盾:摧毁和反摧毁。

但是,摧毁电子装备只是军事科技专家们的一个新突破,而军事战略家们需要的是更强大、更全面的威慑能力。

神神秘秘的现在

"一级战备！"

美国战略空军司令部接到了这样的命令。于是，一部分装载着炸弹的轰炸机飞上蓝天，另一部分轰炸机也整装待发。这是美国战略轰炸机部队在 20 世纪 60 年代曾度过的一段真实而不平凡的岁月。

他们之所以如此惶惶不安，是因为美国的军事战略家们被一种"导弹来袭"的恐惧折磨着。在他们脑海里经常出现这样的幻觉：一枚枚巨大的导弹正耸立在苏联战略火箭部队的发射场上，它们的顶部装载着威力强大的氢弹头，发射后 30 分钟内，将击中华盛顿、纽约以及美国其他城市和基地。

恐惧症并不是美国的"专利"，苏联人也经常担心美国的 9689 枚战略核武器和 10000 多枚战术核武器的打击。

"天哪！"就是在这样的你惊我怕，谁也不安的气氛中，一系列任务书

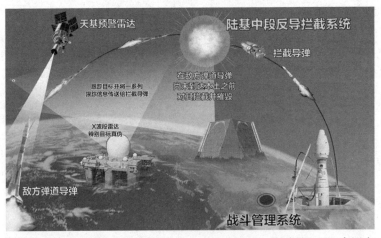

陆基中段反导示意图 2013 年 1 月 27 日热闹非凡。因为这一天，中国在境内成功进行了陆基中段反导拦截技术试验；无独有偶，就在当天，美国也从加州范登堡基地试射了一枚拦截弹，在完成预定动作后，飞向太空。于是在全球引起了对陆基中段反导的热议。

摆到了军事科技专家们的桌子上。归纳起来就是要"三管齐下",确保平安:

其一是,研制发现敌方导弹部署的侦察系统;

其二是,研制探测敌方导弹来袭的预警系统;

其三是,研制对抗敌方导弹攻击的反导系统。

于是,各种飞机、卫星、大型地面(包括海上)设施纷纷出笼。近二三十年人们就在这样紧张研制、试验中度过了。然而以上措施只不过摆出了一副不怕挨打、有能力还手的架势。这难道就不太被动了吗? 于是战略家们又提出一个更为主动的计划,人们开始为未来奔忙。

美军的陆基中段反导拦截弹(GBI) 这是美国陆基中段防御系统(GMD,原名国家导弹防御系统 NMD)的主力,它是一种动能拦截弹,系由助推火箭和作为弹头的动能杀伤飞行器(英文缩写为 KKV)组成。美军也装备了用动能拦截弹的短程战术反导系统,例如经常见报的"宙斯盾"导弹防御系统的"标准–3"(SM–3)海基拦截弹和"爱国者–3"(PAC–3)拦截弹。

明明白白的未来

1983 年 3 月 23 日美国总统里根正式宣布了美国"星球大战"计划,即"战略防御倡议(SDI)"。

这个计划的核心就是要在太空部署多层弹道导弹防御网。其技术手

1983 年 3 月 23 日美国总统里根宣布了"战略防御倡议"

段包括在太空和地面部署高能定向武器（如微波、激光、粒子束）、动能武器或常规打击武器，以便对敌方战略核武器（来袭的洲际弹道导弹）来袭的各个阶段进行多层次拦截。

首选方案是将来袭导弹消灭在起始的助推段的武器系统。

众所周知洲际弹道导弹的发射远在"天边"，要能在刚一发射就把它消灭，这样的武器系统必须：一是要高，二是要快，三是要准。"高"要高到能"看见"导弹起飞，"快"要快到能立即将导弹消灭在起飞途中，"准"要准到千百里之外击中那高速飞行的目标。

试想想，导弹从发射到飞抵目标只需 30 多分钟的时间，要完成"拦截和击毁"的任务，谈何容易！更何况还要争取在助推段这样几分钟内来完成，就更不容易了。那么为什么要选在助推段呢？主要原因是火箭这时正处在燃烧时刻，目标易于捕捉，而且不能进行假弹掩护，还可利用火箭的喷焰来引爆；如果是多弹头导弹，又可在各弹头分离之前一举全歼。可是，这时导弹远在对方上空，这就要求对其实施拦截的武器系统必须设置在卫星之类的航天器上。

再想想，导弹以几倍于声速在跑，卫星又以超过第一宇宙速度（7.9 千米/秒）的高速在飞，在双方如此高速运动的情况下，要快速、准确地发现、捕捉、跟踪、瞄准和击中目标，更是难上加难了。

所以，"星球大战"是一项说起来壮观、干起来难的庞大计划。一切都要在"高、快、准"三个字上下功夫，而且还要可靠。所以，除了卫星技术发展已比较成熟之外，人们一方面要研制发现、捕捉、跟踪和识别真假目标的监测系统;另一方面把主要精力放在能够摧毁洲际弹道导弹的武器系统的研制上,而这又包括新武器本身及其高精度引导瞄准系统。

　　人们希望这个武器系统能指到哪里打到哪里。换句话说它既能快速地变换方位,又能高速地飞至目标。于是专家们自然想到了电磁能束。电磁波、电磁粒子能够集束,这在雷达、激光、电子器件的研制中是早已证明了的,不过现在要的不是那种能量很弱的射束,而是要高能射束,例如需要几十至几百兆瓦级的功率,才能作为武器。目前正沿着三个方向研制这类武器,即微波能束武器、激光能束武器和粒子束武器。这也就是美国打算花上几百亿美元高价来实现的"星球大战"计划的关键所在。苏联呢,也早已开始了这类新武器研制的工作,如今在美国"星球大战"计划的威迫之下,它也在加大投资、加速努力干自己的"星球大战"计划。对于这些细节留给其他文章去描述吧。在这里只需提醒读者注意:如果把上节提到过的电子战称为软电子战的话,那这里就可称为硬电子战了。用能束武器的电磁杀伤能力去摧毁洲际弹道导弹,从而也就摧毁了它的核弹头的电磁杀伤能力。

　　我们来归纳一下,下面是一幅电磁波谱图。

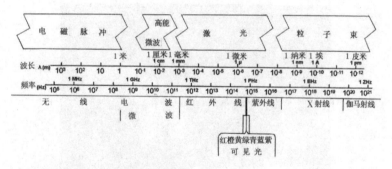

　　电磁波谱图——一张现实的军事装备图　　在图的正中,同时用波长和频率刻度标出电磁波谱;下方注明相应的波段名称,由此可以引申出有关的军事用途;上方则标出新概念武器所属的相应波谱范畴。

　　在这个图中,我们简要地标出了它的波段划分和相应的用途。从军事技术的角度来看这张图,人们不难发现:它竟然是一张现实的军事装备图。难道你能举出哪样人们天天在介绍、评论甚至梦寐以求的武器不在其上

吗？试想想：核弹靠什么显威？导弹(包括其他制导武器)靠什么制导？C³
是什么样的系统？电子战在哪里对抗？还有本文尚未涉及的战场机器人、
隐形武器(即飞机、舰船、车辆等的电磁隐形)、电磁动能炮等等，这些同样
耗资巨大、竞相发展的系统，谁能和电磁波谱分开？而能束武器则压根儿
就是硬电子战的范畴。

因此，尽管在各种书刊中对未来武器和战场的描述千头万绪、角度各
异，但就其主要趋势和地位而言，我们现在却可以把它们归结为一句话，那
就是：

未来军事技术的主攻方向是电磁武器；未来的战场是软硬电子战争奇
斗艳的战场。正是：

观察于屏幕之上，运筹于电脑之中。

攻敌于无形之内，决胜于千里之外。

沿着这个思路去规划和计划军事技术的主攻课题，达到保存自己、消
灭敌人的目的，这就是我们的结论。就是这样一个明明白白的未来。

美国人的电磁动能炮示意图

(原载《军事世界》杂志 1989 年 2 月)